辛意云 著

美学二十讲

时代里的生命美学

九州出版社 JIUZHOUPRESS | 全国百佳图书出版单位

图书在版编目（CIP）数据

美学二十讲 / 辛意云著． -- 北京 ：九州出版社，
2021.12
ISBN 978-7-5225-0721-7

Ⅰ．①美… Ⅱ．①辛… Ⅲ．①美学－文集 Ⅳ.
① B83-53

中国版本图书馆 CIP 数据核字（2021）第 247961 号

版权登记号：01-2022-1255

本书中文简体字版权由北京时代默客文化传媒有限公司代理，并
由台湾商务印书馆股份有限公司授权北京爱智达人教育科技有限公司发
行。非经书面同意，不得以任何形式，任意重制转载，本著作物简体版
仅限中国大陆地区发行。

（本书所用图片系作者方提供，与台湾商务印书馆无关。）

**美学二十讲**

| | | |
|---|---|---|
| 作　者 | 辛意云　著 | |
| 责任编辑 | 周红斌 | |
| 出版发行 | 九州出版社 | |
| 地　址 | 北京市西城区阜外大街甲 35 号（100037） | |
| 发行电话 | （010）68992190/3/5/6 | |
| 网　址 | www.jiuzhoupress.com | |
| 印　刷 | 北京天宇万达印刷有限公司 | |
| 开　本 | 787 毫米 ×1092 毫米　16 开 | |
| 印　张 | 12 | |
| 字　数 | 137 千字 | |
| 版　次 | 2021 年 12 月第 1 版 | |
| 印　次 | 2022 年 5 月第 1 次印刷 | |
| 书　号 | ISBN 978-7-5225-0721-7 | |
| 定　价 | 65.00 元 | |

# 出版前访谈（代序）

### 三十年来在美学教学方面的观察与省思

台湾在美学教育方面，不论是在学校教育、社会教育、生活教育，还是在艺术教育上其实都不够周全，也还有深入的空间。

记得大一时，我去台大哲学系旁听，因时间的限制，只能选择哲学概论与美学。任课的教授，是当年台大哲学系的系主任，留日的，以德国古典主义的美学为主。可惜没教多久，他就因病停课了。上研究所时，我又去艺研所旁听美学课，当时任课的老师所讲授的美学则是以数学微积分的精算为基础。而后师大美术系也开美学课，则以美学和六大基础为讲授的主题，但没多久也就停开了。

---

编者按：作者受访于本书台湾繁体版付梓之际，时在 2018 年。

　　台湾几十年来在各学院中的美学教育，都相当专门，艺术与美学间的关联似乎不大，所以从事于中学、小学各艺术科的老师很自然地都偏重艺术、技艺的教导，艺术和美好像是相互不联结的。有的艺术创作者甚至还认为，学美学是会妨害创作，或说不会艺术创作的人，才爱谈美学。

　　随着台湾社会经济的发展、商业的需要，美学似乎越来越被需要，而后李泽厚的《美的历程》出版，一时间风靡台湾的学术界、文艺界，以致台湾社会上讲美学的、谈美的，一下子蔚然成风。但是所谈的美，多半偏重在感性的抒发上，而且偏向在自我主观美的感受认定，只要自己喜欢就是美，美就是漂亮，就是可爱，甚至连什么是艺术，都简单视为只要自己喜欢、认定就是艺术。

　　一般人似乎忽略了艺术和美在主观的认定、喜欢下，还有理性客观的成分，这包含人类共同的心理与情感——生命情感、审美情感的部分，还有构成艺术的物质材料成分，如此才能构筑人类文明中最辉煌、精彩的艺术创造活动。

　　其实，人们如果能有一点美学基础的知识，就能更深入美的享受中，拥有更多从艺术中得到的快乐。在基础美学的学习中，凡修习基础美学的艺大学生多扩大了对艺术的认知与美的感受，更容易掌握艺术创作与艺术的诊断。

　　这是我长期在学校担任基础美学课程教学特有的观察与感受。

### 对美学教育未来发展的建言

　　其实，美学是生命教育中最重要的成分之一；因为艺术是人类生命中的一种带着丰富情感，并拥有特殊意识——审美意识的创作活动。

康德说："艺术是人不合目的，又合目的的创作活动。""人不合目的"，是指不合人的"生存目的"的创作活动，是人自由的表征。这是因为，在生物性的基础上，人的一切活动都是为了达成生物生存的目的而努力，这是人的局限，是人被捆绑的地方。当人在审美意识的推动下，情不自禁地只是为了美的追求，摆脱了生存目的，而有了艺术的创造，才是人摆脱了生存的控制，展现出人"不合生存目的"自由的可能。同时，这种创作是人更高、更大的生命层次的提升，是人真正生命的开展，也是人生命自由的获得。

这如同近代西方心理学家马斯洛所说的："当人生物本能的需要被满足后，就会走上更高层次的需要，这是人精神本能的开展，而'爱'与'美'的追求，以及'自我实现'的需求与'自我创造'，就是人精神的开展，不如此，人是会生病的。"

人对艺术的好奇，对美的追求，都使人走向自身的精神世界，是自身生命完善性的寻求。而什么是美？美不是一般人以为的漂亮、可爱，美其实是指人内在生命的触动，以至人生命内在最深沉的感动。这种感动让你觉得"活着真好"。

我们看世界上自古及今多数人都觉得生活是很艰难的，于是人们透过各种宗教来开解。不过，就人的心理上的感受来看，即使在宗教信仰上，当人们真正感受到生命的美感，进而产生出活着真好的感受，信仰也才会虔诚而坚定。是以美可以说是人"生命完善性的感动"。未来的美学教育就当从"自我生命的认识"开始，而艺术是其走向的路径。

### 对现今科技与艺术的结合，有什么看法？

科技与艺术的结合，是社会发展的一种趋势，重要的是，再怎么发展与结合，若不是纯然地以科技为主，那必然要合乎艺术性。

而什么是艺术性？艺术性就是指具有艺术的特征，是艺术之所以为艺术的构成元素。所谓艺术的特征，一是指艺术的审美性，艺术得能提供丰富的审美享受。二是艺术得有丰富的情感性。人类的情感活动与艺术存在着内在紧密的联系。人的生命情感与审美情感是构成艺术深沉内涵的核心成分。三是丰富的感性形象是艺术的基本形态。丰富而鲜明的感性形象，才足以引动人们的感情，带出人们感同身受的生命情感与审美情感，以提升人的生命性与大智慧。

我想，不论哪个领域和艺术结合，若是与艺术相称，当具有这三项基本特征，否则就不足以称为艺术。这时代，科技昌盛，其必会与艺术结合而走向新的发展，但无论如何，走向都仍得合乎艺术之所以为艺术的构成元素，如此才称得上艺术，并达成推动人类文明向上提升的功能。

### 谈谈个人接触美学的缘起与受启发的因缘

我父母都非常喜欢文学和艺术，他们都是学英国文学的。此外，我父亲擅长书法和刻印章，并且好唱西方歌剧中的咏叹调，也爱唱京戏中的黑头，就是大花脸。只要他在家，总能听见他的歌声。我母亲则爱看电影，并好讨论电影中的故事情节。小时候，她就算再忙也一定在每周的周末带我与姐姐去看电影。看完必和我们讨论，并询问好不好看，而且坚持要我们说出好看和不好看之处，也一定要我试着思考说出个道理。她也好书法，又喜欢闲余拉胡琴、小提琴，也常弹三弦，并好唱京戏中的青衣，常盛装票戏。她在家，也总是有缭绕耳畔的中西音乐。

在台南时，母亲得空总带我们去逛老庙，并带我们欣赏庙中高挂的古匾与各柱子上的对联，常问我姐姐喜欢哪些字，为什么。假日她最爱带我们去台南中山公园的小湖边，在柳荫下，叫壶茶，静坐看着湖水，不说话，也不准我和姐姐说话。此时，她总叫我们学着静默不语，享受一下自然，就算发呆也好。总之，这时是不准讲话的。

当时，我并不理解为什么，时间久了，懵懂中只觉得在那当下其实感受到没有什么目的的舒坦。我因为身体不好，经常进医院，或时常卧病在家，母亲就依时间顺序，从神话、宗教故事、少年小说、各种传奇，以至西方近代小说等安排让我阅读。记得读西方小说十九世纪至二十世纪初的作品，常有艺术以及有关美学的讨论在其中，读得非常喜欢。那时以为谈"哲学"就是专论这些有关生死艺术、美学的问题，所以大学考试就选择了哲学系。后来念书时查阅课程资料，看到当时的台大哲学系所有有关"美学"的课程，时间又对得上，我就去旁听了台大的美学课。可惜上了没多久，便因老师生病而停课，课程中断后，我反倒专心去学哲学。直到上研究所，才再去旁听自己学校艺研所的美学，只是听得有些糊里糊涂。

出来教书之后，接触到不少艺术的问题，每次和朋友讨论，我多从哲学及心理学的观点切入，提出分析与看法，也受到从事文艺创作的朋友们的认同。

而后钱穆（钱宾四）先生指点我，中国美学当从西周礼乐制度谈起，要我好好读《诗经》《左传》《论语》《礼记》《乐记》等重要经典，去深入体会传统中国文化中所说的"情意"，这和西方哲学美学中所叙说的感情层面不同，由此我看到中西两个知识大系统中的差异和分野，那时真是欣喜万分。此后我就能浸润在这份中西审美的享受中，甚至也可分享人类共有的审美情感。

审美是人类之所以为人类的共同特性，是以艺术创作是人类共有的创作活动。艺术的呈现不同，是因生存环境的差异，而形成的美感经验不同所致。但不论美感经验有多么不同，具有美感的审美性是共有的，且有共通之处，所以各地方、各文化、各民族都有艺术的创造及完成。当这些创造在达到艺术的领域，就可以跨时间、跨空间、跨民族、跨文化，而成为人类世界的瑰宝。

享受艺术、享受人类相通的美感，真是人生最快乐、最大的生命享有，因此我就将它介绍给学生们了。

**这次对出版这本新书是否有什么期待？**

对这本新书的期待，当然首先是希望读者能喜欢，同时也期望书中的文章，可为朋友们提供一些参考的意见。

不过，随着社会的进展以及"美"的品位提升，我内心倒真希望整个华人世界在未来对美学、艺术的认识加深，不是只停留在很本能的个人喜好上。然后能如同汉唐及宋元明时期一样，培养出其时代的审美品位。大家都喜欢去日本旅游，感受日本精致典雅的生活质量，其实，从文献记载来看，日本今天的美，有好些都源自宋明的美与生活品位的再发挥。这不只包括茶道、花道等特有的艺术，还包括所谓的和风饮食及各种器皿的使用。如同朋友们看宋人笔记《武林旧事》，就会发现好多生活中的美、风尚，都被日本人保留了下来。今天许多人前往日本，我想也是情不自禁地对东方原有的生活美的追寻吧！

我有幸参加白先勇老师的青春版《牡丹亭》的制作。当时，我们就是希望做出一种传统古典美的典范，以作为当代文艺复兴的一个起点，所幸不仅演出是成功的，而且也确实对社会有关美的认识与开展产生了影响。如果我真有期待，我希望人们对美的认识越来越深刻，以至对"生命"的自觉与认识。因为真正的"美"，就是"自我生命完善性"的感受与感动。

美学，从传统中国文化中说，就是一种"生命之学""认识生命之学"，其实这点在西方尤其到近代，也有类似的观点。

## 卷四　灵动的书画之美

## 附　录

从绘画光影谈起

美

## 光·色彩·眼睛
### ——绽放艺术光芒的十九世纪

> 光贯穿了莫奈曲折、奋进的一生，莫奈也对光做了极致的描绘。这描绘似乎已超越了形象，进入人类灵性的高峰，一如古希腊神话中天神普罗米修斯为人类盗取天火，点燃人类的眼睛……

西欧在经过几次十字军东征后，除了带回了促成往后资本主义社会发展的财富外，也带回了属于"自由"的思想，并进而引进了当时阿拉伯人研究科学的精神。欧洲人开始从只对天国的追求，逐步回到现实，他们开始重视物质，肯定人俗世的需要与满足。

从著名的薄伽丘的《十日谈》里，我们似乎可以听到人们从上帝的诫命中解放出来的笑声。人们在面对危机，接受挑战时，似乎也

---

编者按：本文是作者为莫奈及印象派大师画作来台湾地区展出时的撰文。

可以开始依赖自己的机智、聪明、勇敢或能力。人开始明确地意识到"人"在世界中的地位,知道可以充分享用这原本不被宗教接纳的幸福。人也似乎开始睁开了自己的双眼,来看这世界了。

西欧从十四世纪到十七世纪,还是在累积人的感官知觉的阶段,其间,虽有各种学术上的发明、发现,以及达·芬奇、米开朗琪罗、拉斐尔的不朽创作,甚至还有各种各样的政治改革、宗教运动、民族觉醒,不过这一切都还是人们在尝试用自己的双眼看世界,摸索着前进。我们可以从这些活动中,看到人类的自我觉醒、自我发现,它促成了崭新的科学研究与发展。

只是在这全新的摸索与前进之中,人们还需要一些基本发展的凭借,以作为创作上的规则。于是,当时的人们选择了古希腊时期的大哲学家亚里士多德的哲学及诗学,以作为学术以及当时表达人类心灵活动——文艺创作的基本规范。

随着时代巨轮的运转,法国路易十四临政,完成了君主集权制,举凡政治、财务、军事、宗教、文学、艺术等支配权,都掌握在他一人手里,因此在当时,法国的文学、艺术也都反映出这种绝对意识。当然,也就在这种意识中,法国开始不再全盘输入意大利等其他西欧国家的文化、艺术,而展现出自己独特的式样、风格,并进而确立一种人为的有关美的趣味与规则。

为了确立这种人为的有关美的趣味与规则,也为了借此表现法国孑然独立在西欧诸国之中,当时法国开设了三种提供文人交际的场所:一是沙龙;二是法兰西学士院;三是王门修道院。

这三个地方同时也是集中文艺人士意见的场所,凡文学、美术甚至哲学，如果有了什么新意见、新作品，都可以拿到这里讨论，而后获得定评。如此，一则防止了"异端邪说"；二则确立了亚里士多德的诗学为当时唯一的文艺典范。这一切说明，从十七世纪起，法国的文学、艺术，特别是美术创作，不再接受仍流行于欧洲所展现的激烈动荡的巴洛克风格，而开始创作出端正、理智、合乎静定规则的法国式样。

静谧、端丽、均衡、调和成为法国古典主义的基本要素。至此，法国绘画崇尚秩序和知性，充满了理性的光辉，也展现了人内心本有的宁静。

## 意识时代的自由氛围，艺术家开始尝试表现自我

十八世纪中期，法国大革命动摇了整个欧洲社会。它与美国独立战争遥相呼应，影响了此后的世界。人们也就在此旧政体的崩溃中再次出走，进一步摆脱原本辅助人们成长，而后却变成桎梏的旧规律。人们开始意识到自由，自由成为这个时代的大方向。

艺术家们也跟着挣脱了已成桎梏的束缚，开始进一步追求人类仍被抑止的强烈感情。他们开始关心民众，崇尚自然，敢于尝试表现自我，传达自己强烈的个性以及个人喜欢的生活方式。

人们大胆地宣说许多新的发现、新的信息。大文豪雨果借着小说，宣告人类的平等。哲学家圣西门、傅立叶，正热切地构筑人类共同的理想社会。狄德罗则努力地想把人类的知识，收集到一部大书之中。

画家们也随着这股被解放的感情，大胆强烈地用色，如新古典主义的大卫和安格尔，他们在旧的规律中，发展出新的视觉效果，新而强烈的题材，使人为之耳目一新，看到了从未看到的世界。

有人甚至将自古以来，人们认为丑陋的事物，画入画中，不仅扩大了美的内涵，而且更完全地表现了人类生命的真相与情怀，就像浪漫主义的代表德拉克洛瓦，他在《但丁的渡舟》中呈现了死亡的绝望，在《自由领导人民》中展现了革命的壮烈。又如现实主义画家杜米埃在《三等车厢》中表达了劳动大众的朴质，其中含藏人类内在的壮阔生命。这一切其实都可说是人们睁大了眼睛，开始看进了人群，有如中国的一部《史记》，将人带进了宇宙，开展出以"人"为中心的世界。

十九世纪后期，是一个错综复杂的时代，也是人类快速狂飙的时代。各种各样的创造，特别是来自机器生产、科学技术的更新，更是令人类目不暇接。人们乘着科学技术的快车，飞速地走进种种崭新的事实之中。哲学家孔德，用这些新的"事实"，构筑起新的哲学系统。达尔文的进化论使人们更意识到不只生命，甚至整个地球以至宇宙都是在发展、演化、运动、变化、开展之中。世界绝不是个永恒、静定的场所，它似乎在瞬间跳动了起来。事物刹那生灭，瞬息万变，而这一切又都直闪入人的视网膜间。人原本还正满足在浪漫主义强烈的色彩效果、激烈的力动构图、夸张的戏剧性情感之中。刹那间，这一切都似乎不再真实、贴切，人们似乎想要进一步地去捕捉瞬息万变的世界。

"变"是科学发现的最新事实，似乎也成为人类生命的事实。

人类置身在这样一个变的世界。十九世纪法国大文豪波德莱尔说："现世是短暂的，瞬间即逝，生命迅速而偶然。"人们被这闪现的光芒吸引了全部的注意力。

十三世纪欧洲圣哲托马斯·阿奎那曾经说过，美的构成要件有三：一是完整性或完备性，凡破碎、残缺的东西都是丑的；二是适当的匀称和调和；三是光辉和色彩。

欧洲从文艺复兴以来，直到十九世纪前半期，绘画的大原则，其实都沿着这轨迹运行。只是以往的光或是展现主体，或是统合纷杂的现象，基本上多是被设定的光源。虽然有些风景画家，尤其是十九世纪中期巴比松画派，他们离开屋子，走入自然，接受自然的太阳光芒，但其光也都温和而不耀眼。

## 印象派画家对光的思索与表现

在这风起云涌、瞬息万变的世界里，法国印象主义画家，真正随着世潮进入了翻天覆地的光天化日之中。

他们的眼睛似乎被近代光学原理及仪器打开，不仅勘破了从十四、十五世纪以来由意大利文艺复兴早期颇具盛名的建筑师和工程师菲利波·布鲁内莱斯基建立的"如果能假设一个单一的视点，然后再将所有平面的垂直线，向水平线的那个点上集中，如此就能在二度平面的空间上构筑起一个立体的三度空间"。而后由意大利文艺复兴时期画家马萨乔在《圣三位一体》的画面上实践了这个透视原理，从此欧洲的画家们莫不运用这一原理制造有组织的深度幻觉，展现了当时人们刚离开上帝，看到的物理性空间。

随着新光学原理，透过三棱镜，十九世纪后半期的印象派画家们看到光是由红、橙、黄、绿、蓝、靛、紫七色所组成。同时，所有被看见的形体的颜色并不稳定，它们会随着周遭其他事物的颜色而变化，甚至发现在截然不同的对比色中，其实有着互补的作用。人的眼睛有了新的开展，光与色也有了新的分离与融合。画家们此时看到的事物，不只是单一的纯粹客体，而是与周遭事物相互辉映、闪烁变化的色块、色点或色彩。画家们也不必再拘泥于假设的三度空间之中，即使有如东方艺术，特别是日本浮世绘的那种以平面二度空间涂绘，主体兀然呈现眼前的画面，亦何尝不是人真实的视觉呢？

画家马奈大胆地运用了这些新的绘画元素，表达了他眼中所见的事物。他不仅放弃了旧有的绘画规律，甚至也放弃了长久以来绘画中不可缺少的文学故事，以及任何原有的美学理论。他只画他所看见的——那是一种纯粹的视觉表现。当时保守的批评家们，愤怒地批评他毫无创作能力，只会描绘所看到的周遭事物。他们不知道这就是现代绘画的开始，是新时代人们心灵的表现。今天，人们终于称他为现代艺术的开创者。

印象主义画派是现代绘画的一个里程碑。画家们不再受限于古代神话、英雄传说、宗教信仰，也无须致力于表达自古以来人们所向往的永恒世界。画家们只要睁开眼睛，就可以看到丰富而跃动的世界。光不再只是上帝的化身，而是大自然中瞬息万变的部分。以马奈为中心，年轻的画家们一个个走进这新发现的大自然中，并付出毕生的精力探索这代表着变化的光芒。

今天，我们随便翻阅任何一本有关印象派画家的画册，阅读他们遗留的文字，都可以看到他们对光的追求。

诸如画家毕沙罗，总是热心地引导年轻画家认识野外光线的魅力。他发展出不混杂未干的油彩，既不损及颜色的亮度，又能呈现反射阳光的漂亮技巧。即使像以人物画为主的德加、雷诺阿，他们也抓住那无所不在，处处相互辉映闪烁的光芒，以呈现现代人物特有的情绪。不论绅士淑女、知识分子、市井小民、剧院舞团、酒吧妓女或是劳动大众，人们都在这里，闪现出自古以来未有的风貌。甚至被称为后印象派三杰的塞尚、凡·高、高更，或是被称为新印象主义的修拉、西涅克、惠斯勒、洛特雷克，也都是在这基础上发展出了他们辉煌灿烂的成就。而莫奈这颗印象主义画派中耀眼的巨星，也是印象主义画派真正的中心人物。雷诺阿曾在他的回忆录中说："当时要是没有莫奈，他们这些同志，将会遭受挫折。"印象主义之得名，也是当时因他的一幅名叫《印象·日出》的画作而获得的。

这幅画是莫奈在一八七二年所画的法国勒阿弗尔港的一个情景。当时的勒阿弗尔港被灰色的浓雾笼罩，靠港的船只和烟囱只剩下一些淡紫色的影子，最近的两艘小船也只是模糊的黑影。但天空是淡红色的，太阳飘浮在雾中，缓缓上升，是鲜艳的橘红色，海面也相映着锯齿般橘红色的反光。莫奈仔细地观察这海上的雾中风景，并用画笔捕捉了这瞬间即将消失的"印象"。

莫奈花园实景（作者提供）

## 对于事物本质的追求，从追求永恒到肯定瞬间的光

西欧从古希腊时期，即视这种会瞬间消失的印象是一种假象，是无法作为知识对象的。人们当从这印象中寻找永恒不变事物的"本质"或"真实"，以为真理的标准。

从古希腊时期，经罗马帝国，进入中世纪信仰上帝的时代，欧洲无一不是在追求事物永恒的本质。从文艺复兴至十九世纪上半期，欧洲虽有许多新的元素加入，但举凡哲学、文学、自然科学的研究，绘画、雕塑、建筑的创作中，其实还是围绕在这"永恒的本质"上打转。他们随时随地仍热切地希望发现并刻画下永恒的本质。只有莫奈，他抓住了这瞬息万变的光与景致，他肯定这随时即将消失、永不再现的印象。终其一生，他都在追求这光和这随时变化的印象。

从一八七〇年开始，莫奈常以同一个主题，在不同的光线下、不同的角度中创作出不同的风景画，甚至在不同的季节里，面对同一主题，画出不同的景色。其中最有名的是《干草垛》《白杨树》《鲁昂大教堂》，还有《睡莲》。这些都是他在不同的时刻、不同的天气、不同的光线下观察到种种光及色彩的记录。天地万物间的形体对他来说，似乎只是光及色彩的凝聚而已。

此外，他也喜欢水，水也是他从早期就爱画的题材。特别是水中的天光、倒影。不论是海中粼粼的波光，还是池里飘摇的水草，无一不记录在他的笔下。

在水中似乎更可以捕捉到上下天光辉映和瞬间消失无踪的闪烁，莲花池成为他至死都未放下的题材，而也唯有在这上下辉映的天光

中，人们似乎可以借此从有形跨入无形，从具象进入抽象，看到实与虚之间的无限开展。

光贯穿了莫奈曲折、奋进的一生，莫奈也对光做了极致的描绘。这描绘似乎已超越了形象，进入人类灵性的高峰，一如古希腊神话中天神普罗米修斯为人类盗取天火，点燃人类的眼睛，莫奈似乎也透过绘画再次点亮了十九、二十世纪人类的眼睛。

# 十七世纪荷兰的绘画光影
## ——我最爱的十七世纪的三位画家

> 荷兰强大的船队为其带来了商业繁荣，使荷兰很快成为欧洲最富强而先进的国家。……为了精神的享受、生活的美化，市民们也开始有购置艺术品的欲望。如此一来，画市也随之兴起。

西方文艺复兴的发生，有诸多因素，诸如当时手工业技术的改进，使城市中形成了许多手工业的工厂，于是乡村人口向城市集中。而经济实力、经济基础的改变，导致社会上层结构的改变——新兴的资产阶级与旧贵族和宗教势力根本性的对立。新兴资产阶级在与旧宗教势力的抗衡中，最响亮的口号就是"人文主义"，即肯定现实的人生意义，并享受人间的欢乐，相信人的力量，要以人的现实的知识造福人类，进而促进人从各种旧有的信仰框架、规范中释放。人们于是试着不用神的眼光看世界、看自己，而是用人自身的眼光，或世俗的眼光看自己、看社会、看人世间。

十七世纪，欧洲列强争霸各地，各国的君主、贵族、高级公民在新的财富、新的思想、新的天地中走向骄奢淫逸的生活，宗教信仰趋向衰落。

文艺复兴早期，人们还以宗教信仰的题材来表达人文思想，但是到了十七世纪，人们走出了信仰的宗教领地，在绘画上用世俗的人物画、肖像画、风景画、静物画或裸体人像画，铺展在各自的豪宅、官邸之中。他们以艺术来表达有权阶级的富足、安定和享乐。

### 成为海上霸主的荷兰，在经济繁荣下也开拓了绘画题材

十七世纪欧洲的列强时代，荷兰是名列前茅的。当时西班牙已经衰落，英国、法国还没全然崛起。荷兰经过十六世纪末的尼德兰革命，摆脱了西班牙的统治，废除了西班牙国王腓力二世在荷兰的一切权力，成立了欧洲，也是世界上第一个资产阶级共和国。在资产阶级直接掌握国家经济命脉的情势下，荷兰快速接替西班牙，成为海上霸主。

荷兰强大的船队为其带来了商业繁荣，使荷兰很快成为欧洲最富强而先进的国家。社会上，工商业的发展，使一般市民也摆脱了原先闭关自守所造成的愚昧和贫穷。为了精神的享受、生活的美化，市民们也开始有购置艺术品的欲望。如此一来，画市也随之兴起。接着，各种生活题材都被搬进了绘画中，进入了市场，进入了市民的家庭。因此，肖像画、风景画、静物画、民族风俗画等，都成了真实而亲切

的绘画及艺术创作内容。

人们所关心的不再是圣像、圣经的故事，画家们所研究的也不再是历史画、神话传说，而是看市民的需要而决定。随着经济的繁荣，荷兰人开始享受生活，于是自己的父老兄弟、妻儿子女、自然、花卉、屋中的摆设，甚至厨房中的瓜果蔬菜，都成了人们喜爱的装饰，如此一来，荷兰人以及荷兰的画家们，就把西方两千多年来艺术的传统题材，从神秘狭窄的道路上，带入了现实生活的大地上——西方艺术史的发展上，一次不经意的转换，是荷兰画派所做的一项极大的贡献。

## 擅长处理光线的伦勃朗，鲜活表现真实场景

在荷兰画派中，有两位我个人最喜欢的画家，其一就是伦勃朗。他在肖像画、历史画、风俗画、版画等领域都取得了非凡的成就，他也是十七世纪最著名的写实主义大师。他继承了文艺复兴时期的人文主义精神，并为未来的画家开辟了道路。

我们可以看到，当时的农民、商人、流浪汉，这些在现实生活中形形色色的人物，都是伦勃朗早年绘画的主题。这也是他成为现实主义画家的重要因素。

伦勃朗早年间结识的一些著名的人文主义学者，很早就看出了他的天赋，预言他将是未来荷兰最伟大的画家。

一六三一年，为了艺术，他移居阿姆斯特丹，并接了医生杜普的订单，画了著名的《杜普医生的解剖课》，这使他一举成名。这幅

画打破了常规——把人物排成一排，僵硬呆板地做出姿态，伦勃朗则将其做成有情节的场景来处理，使其中的人物各有自然的动态，相互间又有联系，从而有了强烈的戏剧性，使人们似乎看见了一堂生动而真实的解剖课程。

这幅画的成功，使伦勃朗声名大振，订单不断，他也由此向更为成熟的绘画风格前进。他的画中有奇特的光线处理——照亮画中所有人物的不是灯光，也不是日光，却能完美地凸显出画中的阴影和光影，使所有人物都具有戏剧性的生态展现。

一六四二年，他心爱的妻子去世，这对伦勃朗的打击非常大，他不再参与上流社会的社交活动。他的画风也有了改变，从绚烂走向朴素，这与当时荷兰上流社会的审美有所不同，以致他的订单越来越少，他也陷入了债务的压迫中。但他不以为意，这促使他选择更深入人性的题材，而他对人的理解也更为深入，他的人物画中开始展现人的心理活动，注重心灵的表现。尤其在自画像上，他用松动、丰富的，带着细微毛刷的笔触，使整个画面在静态中骚动燃烧起来，而色彩的厚重与深沉与戏剧性的处理光线的手法，如同今天舞台上明暗变化的透照灯一样，展现了人物鲜活的内在生命世界。他更将人世间的亲情，如父子、母女之爱注入宗教性绘画中，更把怜悯、饶恕作为绘画的主题。他著名的《圣家族》一画，就是把圣母画成一个贫苦的农妇，其家庭是一个温馨、充满爱的农民家庭。

同年，以荷兰的大尉佛鲁·巴·科克为首的十六名军官，要伦勃朗给他们画集体肖像。这就是那幅著名的大画《夜巡》。伦勃朗在艺术上有了更大的跃进。只是他没有依军官们的要求，采用当时流行的盛装肖像画的方式，细致地画出每一个人的肖像，而是戏剧性地展现军官们出巡前在大尉一声令下的一瞬间规律有力的行动表现。同时又有节奏地处理了这些军官各自的展现；凸显出他们各自的特有性格。并且，他又加入了一些细节，如有的在擦枪筒，有的举起枪看着准星，表现出出发作战前的紧张样态，其中还加入一些小孩在队伍中嬉戏，尤其有一个小孩更在光线下被照耀出来。伦勃朗打破了荷兰传统中群像原本的呆板构图，他层层堆叠出鲜活的真实人生中的一种场景，这真是欧洲艺术绘画史上一件精彩不朽的伟大画作。然而，当时的军官不能接受这种前卫的表现，尤其被置身在较暗光影下的军官，他们拒绝接受这伟大的作品，并索回订金，甚至想控诉伦勃朗违约欺诈。不过伦勃朗并未被击退，他仍然坚持自己的创作信念，不去迎合资产阶级雇主的需要，也绝不修改，或因此改变自己所开发出的艺术大道。

## 画面构图如抒情诗的维米尔

此外，荷兰当时还有一位画家，名维米尔，年龄较伦勃朗小，他的绘画被称为抒情诗般的市民生活画，也令人激赏。

维米尔极具才华，是以在一六五三年，他二十一岁时，就正式成为地方上的画师。他曾在伦勃朗最有才华的弟子法布里蒂乌斯那里学画，被当地的画家公会选为会长。可惜他四十三岁就去世了，所以画作很少。直到十九世纪中叶，艺术评论家重新发现了他的艺术成就，直至二百年后他才有了在艺术史上的地位。

根据专家的鉴定，他只有三十四幅真迹。他的画除了少数肖像画、风景画、宗教画之外，多是表现市民日常生活的生活风俗画。

维米尔的画面构图非常单纯、清晰、洁净，色彩清亮、净丽，极具写实性。他将日常生活中的种种生活状态都拣选置入画中，构成一幅幅绝美而又情意深长、如同抒情诗的情境。

我们看他的《倒牛奶的女仆》，在简单朴素的厨房环境中，女仆塞起腹前的围裙，墙上一扇小窗子，桌上凌乱地放置一些食物，墙上挂着竹篮、马灯，但整个气氛呈现得非常静谧、永恒，让人世间的美，就停驻在那小小的角落中。他的另一幅《情书》，画面上主妇正悠闲地弹着琴，女仆进来，手上拿着一封信，两人面对面地看着，从她们的眼神、表情中，可以约略猜到那是一封情书，然而一切都仍在深沉的安宁里。其《窗前读信的少女》也是一幅令人爱不释手的画作。

有评论家说，维米尔虽是伦勃朗的再传弟子，但他已淡去了伦勃朗绘画中的戏剧性、强烈性和冲突性。他体现出当时荷兰画派的新主张——画中人物形象清晰鲜明，画面上光线柔和，呈现的生活环境洁净，笔触利落精致，同时把黄、绿、紫三种颜色结合在一起，色调明亮、干净、纯粹，维米尔有时还好用一种钴蓝，使画面安静、澄清而鲜丽，显示出了他独有的风格与情趣。

维米尔有一幅脍炙人口的画作，叫《戴珍珠耳环的少女》，其表现手法的细致，颜色与色调明亮、鲜丽又层次分明，实属惊人的画作，以至有人把这画发展出故事，并写成剧本，拍成电影，试着去呈现这位早逝的优秀而伟大的画家。

## 擅长描绘光与烛火温暖的拉图尔

此外，十七世纪还有一位画家，他是法国人，名拉图尔，据说他曾是一位神父。拉图尔也是要到近二十世纪才又被发掘出来，成为绘画史上的优秀画家。

有人称他为光的艺术家，他总爱用一支烛光，安置在画面的中间，柔和、通透的光，将周遭的事物、生活环境照亮，就如同基督教《圣经》里所说的：我是光，我是生命的道路。依基督教的说法，上帝是光，因有这光，世界才能显现。

然而，这位神父画家的画，并没有文艺复兴时强烈的宗教气味，却能平实地展现人世间的感情，如父女、朋友，甚至还将光透过人的皮肤、手掌，让人手上的血管清晰、透明地呈现，将人真实的生命性在光中永恒而柔和地展现。

文艺复兴时期，欧洲人开始用"人"的眼睛看世界，但十五、十六世纪，人们仍未脱开"神"的眷顾，到了十七世纪，虽然整个欧洲经过一百年的发展，人们已逐渐开始从世俗的角度看世界，但真正开展出人间的艺术与杰作，并走向平民画的是荷兰的画家，尤其以伦勃朗和维米尔最具代表性。

至于拉图尔的作品，我震撼于他将光展现得如此清澈、透明，在柔和、温暖的光照下，物件清晰、分明，没有任何阴暗、冲突与纷扰，画面一片和平，即使对衰老、死亡也都没有任何恐惧与不安，他似乎真正呈现了一位真实的信仰者内心真实的写照。

# 现代绘画的开创性
## ——读赵无极、常玉等画作有感

赵无极的画，似乎全然展现这一时代的现代性，一个新宇宙的来临，也是人们在现代科学时代扩大重新认识的新宇宙、新时空观的图像与生命图像。

### 东西方美学元素的交融

赵无极是中国人在西方绘画世界最大的成就者，当时西方一些绘画评论家，如此评论赵无极的画：

既有中国的内涵，也兼具法国的特色，赵无极成功地创造出一种令人愉快的综合风。

——法国巴黎国立现代美术博物馆馆长 贝尔纳·多里瓦尔

赵无极热衷表现若即若离，和直接拦截与震荡的情境，也追寻闲步中转移起伏与梦境的虚无缥缈。……画面中欢愉地闪动着令人陶醉的丰富符号。

——法国诗人、画家　亨利·米肖

赵无极的作品清晰反映了中国人看宇宙的观点；遥远而又朦胧的画境，反映了默念的精神，而非默念的具体事物。这种看法已成了最新锐而又广为全人类接受的看法。

——法国理论家　阿伦·儒弗瓦

赵无极的画恒在对宇宙提出疑问，恒在努力重造宇宙，重建自然。

有些画显示太初的勃然之气，能量摩荡，景物成形、成象前的翻腾；还有些画显示星云的桀骜；或光的诞生，或水的生成，或在地球的第一个清晨，或在物质动荡之外，但生命在隐约中隐现。

——法国艺评人　法兰索瓦·贾克伯

这些是当时的西方艺评人所看的赵无极，也说明赵无极在绘画上的惊人特质，那是他的作品对新时代的反映。

赵无极到巴黎时，正值西方已从其绘画传统走上变革之路。

## 美的思索

我们知道，西方文化的大传统是来自古希腊的自然哲学。古希腊的自然哲学，主要是对人以外的客观宇宙的探究。古希腊哲人，不断想从无垠的物质世界，寻找到物质的本质，以确定什么是物质，因此他们对物质构成的现象世界，设计出严格的规范及计量的方法，将随时变化的世界确定在一定的范围内。

"现象"是由视觉、听觉的感官知觉，认识"物质"，确立"真实"的通道。因此，古希腊在艺术的表现上，将现象如实地再现、复制，并求其精确、完美，以便直达柏拉图说的完美的理念世界。这世界是一切的根源，也是完美的天堂。

这种对透过视觉、听觉认识现实世界的复制，经过中世纪的沉寂，到十五世纪在承继古希腊自然哲学的自然科学的原则之下，呈现出前所未见的视觉意义上的美感和思想深度。

十六世纪，文艺复兴，当时人们认为美是依照自然科学规则对自然所做的描摹；美是有形世界由知识、逻辑连贯统理出的感官现实，同时也是物象与自然的统一。其达成的方式即是用物理的透视法，精准地再现在自然、视觉中最美的状况。这包括光与色彩、物质的轻重，真实立体性块面的组合与呈现。

只是到了十九世纪，在面对更大的世界时，西方艺术家意识到他们原本所坚持的艺术空间与现实描摹似乎只是一个虚拟的世界，而真实的世界、自然的世界似乎只是在大气中流荡，自然阳光下的物质，不是古典主义、新古典主义下永恒的静止的物体状态。此外，还有人们主观流动的情感。于是此后的西方艺术家，开始走出原有的艺术时空形式，并将世界其他新的元素纳入自己的艺术及绘画创作中。

## 线条之美

举例言之，就如印象派的莫奈，当他看到日本浮世绘以及中国画，他便放弃了原本西方块状空间的绘画展现，而改为线条的表现。他脍炙人口的《睡莲》，即是用线条勾勒，用油画着色，以中国画的写意手法表达，更用中国的大写意手法，画芍药、水草、睡莲，这完全不同于西方自古以来的传统画法。甚至他更仿效中国式的长卷，以两米高、十余米长的画卷，将西方原本的视觉物理性定点透视取消，而创作出崭新的西方艺术形式，获得巨大的成功。

而后的塞尚，也采用中国传统绘画中的随意性、写意性为他笔法的表现方式，在严谨、结构性的用笔、用色中，展现抒情与放纵。他的画重点不在于客观真实地描摹对象，而是重在抒发画家个人的感情与意趣。有艺术研究者认为，西方画家从塞尚开始，从描摹自然、描写自然，展现客观宇宙中自然最真实的状态，一切都要如科学般地以客观事物为"真实"的代表，在绘画中转向以人内心的感情为主，绘画、艺术的表现是以表现自我为主，这标榜出西方现代艺术之起点，塞尚也成了西方现代艺术之父。

而凡·高在一八八五年购买了一些日本浮世绘的版画，并学习摹画三张浮世绘的作品，从此改变了自己原本所沿袭的传统西方画法，而用长线、短线来表达，即使是面，也一如中国绘画用线来勾出轮廓，他于是创作了大量以线为主的作品，并以此表达自己内在强烈的主观感情。

西方现代主义大师、野兽派的创始人亨利·马蒂斯，也是在开始学习日本浮世绘的作品后，改用线条作为一切绘画的造型，他著名的五个裸女手拉手跳舞的作品《舞蹈 II》，以及五个裸体男孩，两个在演奏乐器的《音乐》，都是用线勾勒，再平涂颜色。此后马蒂斯的作品多用线条绘画，颜色则以平涂为主，其中表现出以中国式的随意性、流动性、跳动性、大写意性为主。到了晚年，他更以中国剪纸的艺术造型，作为自己创作的摹本，他自己总说："我的创作灵感常来自东方艺术。"

近代西方被视为艺术创作之神的毕加索，也临摹中国绘画，然后将西方以面为主的绘画改为线，而后他的画主要都是用线来造型。他的第一幅被公认为立体主义画作的《亚威农少女》，主要的画法是用线。之后他重要的画作都是用线造型，可以说，是用油画画中国式的西画。他的另一幅极有名的作品——《格尔尼卡》，也都是用细线造型。毕加索还学习用毛笔绘画，他当年送给张大千的《西班牙牧神像》，就是用中国毛笔，以圆润的线条画出来的。他甚至说："中国人为什么跑到巴黎来学艺术？世界上，谈到艺术，第一是中国的艺术，其次是日本的艺术，第三是非洲的艺术，至于白人根本不懂艺术。"

法国艺术家杜尚的《下楼梯的裸体女人》，也开始用线条而不用面。此后的西方画家画画多用书法的形式去创作新式绘画，如西班牙超现实主义绘画大师霍安·米罗、瑞士当代画家保罗·克利、法国画家和美术理论家瓦西里·康定斯基。

二〇一二年，美国抽象表现主义绘画大师波洛克一九五〇年创作的《薰衣草之雾》，在美国大都会博物馆展出，研究者认为这种抽象的表现主义，是受中国书法的影响。波洛克独钟明代祝允明的狂草，他以有如祝允明的狂草创作，做出这种表现主义的形式。


## 诠释现代性的新世界——赵无极

赵无极到巴黎的时间，正是西方艺术家努力从传统艺术绘画的形式释放出来而走向全面开展的时代。两次世界大战之后，欧洲开始审视自身的文化，尤其是艺术家们，他们的好奇心和兴趣，以及他们所要寻找的，不是由物质材料构成的现代化工具所提供的方便，而是与现代化工具相对应的纯粹精神。这个时代有没有一个与现代化物质文明相对应的精神文明？在现代社会中，人们似乎寻找不到在现代科学、哲学、政治、经济，甚至现代文学上可以充分表现出现代化的部分，只有在艺术，特别是在绘画、美术的创作上，有了更突出、鲜明的现代派的发展。这现代派可从塞尚、凡·高、高更开始，他们脱离西方传统的客观描绘，强调主观感受倾向，使西方美术产生了根本性的变化。加上新印象派的修拉、西涅克的点彩技法，摆脱了西方传统，以至印象派对外光的依附，使我们看到西方传统在绘画形式上的形体溶解了。再加上现代太空科学的开展，人们对宇宙的认识，也不再受传统西方自然科学下有限时空的限制，并建立新时空观及高速物体运动规律，人们意识到宇宙万物的本质是运动，人类用肉眼直观感受到的具象世界，只是客观具象世界的一小部分。科学的进展大大扩大了艺术表现的领域，于是西方美术由具象向抽象滑移。艺术家，特别是美术、绘画领域的艺术家，开始更自由地去寻找抽象表现形式，并借此形式抒发自己内在的感情。

马蒂斯曾经说过："我们生来就具备一种对于同时代文明的感受性。我们的作品并非由我们主宰，它是同时代文明加到我们身上的。"这也就是说，任何一个时代的大画家，他们的成就是对所处时代的文明的敏锐而独特的感受。

赵无极的早期作品如《船》《巴黎圣母院》《静物与鱼》《龙》，都还有具象性的抒写，到了《风》《江河》《向屈原致敬》《追求》《穿过表象》，以至绘画逐渐没入抽象之中，似乎完全体现了西方在欧洲、巴黎所呈现的现代文明。

在他"一九五九年四月十六日"的布面油画、"一九五九年十月十三日"的油画、"一九五九年十二月十八日"的布面油画，已展现出其特有的抽象表现主义画风。而从"一九六四年一月二十四日"的布面油画，到"一九七五年三月五日"的布面油画，再到"一九七六年十二月十五日"的三联画、"一九八〇年十一月二十四日"的三联画、"一九八二年八月二十七日"的三联画，以至《向莫奈致敬》，以及"一九九七年四月一日"的布面油画、"一九九七年七月到十月"至"一九九八年一月"以及"一九九八年七月二十七日"的《火灾》为止，他都像将无垠的宇宙拉开了一道道的缺口，让人们看到，并感同身受化入太初无形、无象，唯大气的流荡与酝酿，又如地球刚逐渐凝聚成形，地球表面仍是熔化的液态岩浆奔腾、翻涌出飞热的蒸气与水汽。看他的画如同置身在科学才刚发现的宇宙奥秘之中。

赵无极的画，似乎全然展现这一时代的现代性，一个新宇宙的来临，也是人们在现代科学时代扩大重新认识的新宇宙、新时空观的图像与生命图像。赵无极的作品相较世界现代艺术家所创作的图像，都来得更全面而完整。也因此终其一生，他都享誉世界，成为世界上一位伟大的创作者。

## 从传统的养分到现代的开创

赵无极何以能如此？综观赵无极的创作生涯，他除了天资聪颖、天赋异禀外，小时候在其父亲的教导下，打下了真正传统中国学问的根基。除了诗歌文学外，最重要的是他真正明白了《庄子》《老子》《周易》在宇宙论上哲学性、义理性的思维。

《庄子·大宗师》中说：

> 夫道，有情有信，无为无形，可传而不可受，可得而不可见；自本自根，未有天地，自古以固存；神鬼神帝，生天生地；在太极之先而不为高，在六极之下而不为深，先天地生而不为久，长于上古而不为老。豨韦氏得之，以挈天地；伏羲氏得之，以袭气母；维斗得之，终古不忒；日月得之，终古不息……

庄子这篇，开天辟地地提出无限宇宙中的造化者，超乎一切物质之上，不在人的认识范围之内，人们必须打开自己的心眼，才能感受到、意识到其无形无象而又真实的存在。这造化者是无限宇宙的根源、宇宙中的一切发展，天地万物间的一切创造与功能都来源于它，它是超乎一切存在的存在，是亘古常新的存在。是以在天地间最远古的缔造者，在理解了这能量而创造出具体的天地。在最远古的另一个缔造者体认了它，于是调和宇宙中的混沌的元气而产生万物；北斗七星得到这造化的能量，成为宇宙天体中的坐标，永不出差错。日月拥有了这造化的能量，永远循环运行不息……

"造化"，在《老子》中说：

> 道之为物，惟恍惟惚。惚兮恍兮，其中有象；恍兮惚兮，其中有物。窈兮冥兮，其中有精；其精甚真，其中有信。

又说：

> 有物混成，先天地生。寂兮，寥兮，独立而不改，周行而不殆，可以为天下母，吾不知其名，字之曰"道"，强为之名曰"大"。

这也就是说，宇宙天地的造化不是具体的存在，因它没有任何物质性。它虽是一切具体物件的创造者，但它不带有任何物质性。它似存在又不存在。它似有而又根本是无。只是在这模模糊糊、恍恍惚惚之中，那造化性又真实地显现如同有个东西，一切造化之能，就在生生化化的创造中，确确实实地在创造。

这创造性无可分割，是混沌一气，有如一个整体，只是它完全无形无象，空洞无边，但又周而复始地不断创造，永不停息，永不改变，而成为天下一切存在与发展的根源。人们真是无以名之，因它超出人们的经验之外，所以只好暂时称它为"道"吧！或再补充说它是无限的无限吧！

这些观点到了《周易》的《系辞传》，说：

> 夫乾，其静也专，其动也直，是以大生焉。夫坤，其静也翕，其动也辟，是以广生焉。

这是说，宇宙天地中的一切创造乃是因阴阳二气。"乾"是阳气，阳气是开发、发扬的创造、创生之气，是永恒不息的。这里的"静"，不是不动的静，而是永不休止的运动。这永不休止的动，以静、永恒的不变来表示，是来自老子。乾阳的永恒不断的发扬、开创，极其刚强，永不被屈折，是以这无限的宇宙才不断地在创造。至于"坤"，它是阴气，阴气永恒不止的运动，乃是不断地凝聚，不断地抟合成一个个的物。凡物一定有"形"，有形一定与整体的大气有了分别，所以它具体的运动是不断地从大气中分裂，坤阴的创造是不断地在分裂中形成万物，使万物不断地发展。

传统中国读书人如真懂了《庄子》《老子》《周易》，其意识思维中，自然就会有这无限创造又无形无象的"道"的宇宙论。记得诺贝尔物理学奖得主杨振宁，去拜望钱穆先生时就提到，他小时候固然读传统中国诗歌文学，又熟读《庄子》《老子》《周易》，其脑中常有无限宇宙的创造图像，是以在研究抽象的高能物理学时，在数学演算之下，都能掌握到某些极其抽象无限的宇宙图像。这种说法似乎在近代一些具有创造性的世界级的大师中，都有类似的谈话。如建筑大师贝聿铭、音乐家周文中等，就连西方的一些大师也有类似的说法，如美国现代舞蹈家梅尔塞·坎宁安，就说他的舞蹈得之于《周易》中的偶然与变化。

赵无极的画作，让我们感受到我们所面对的宇宙和世界不就是这无限宇宙发出最恢宏的创造之歌吗？不也就是地球刚开始形成的澎湃汹涌的大气和火红炽热的浆流吗？而这一切不也就是今天西方人，以至全世界所面对的现代性的宇宙吗？

传统中国画家在这种宇宙观、时空观的熏习下，在艺术、美术绘画的创作中，无不就这宇宙的神韵为创造的真实。魏晋南北朝大画家顾恺之要求"超乎形体，以形写神"，差不多同时期的大画家，也是美学思想家宗炳提出创作者当"含道映物"，或者"澄怀味象"，求宇宙天地的"微旨"于现象之外，并融"神思"于峰岫峣嶷、云林森眇的万趣之中，并说绘画的创作就是"畅神"而已。

是以传统中国的艺术，所求即在空灵、无限，没有重量，不受形体的限制的美的追求。绘画的创作在追求自我内在对道、对整体宇宙、对变化无端的体会，对人超离生死、欲望后感受到生之喜乐的体会，绘画就是这种自身心境体现的表达。一切有形、无形、具象、抽象的表达都集中在这心境意象上。所以，唐代书画家张璪论画说："外师造化，中得心源。"而南齐画家、画论家谢赫提出图绘有"六法"：一是气韵生动，二是骨法用笔，三是应物象形，四是随类赋彩，五是经营位置，六是传移模写。其中最重要的是气韵生动，这是中国传统艺术、绘画的核心。不如此，艺术与绘画就失去生命性、灵动性以及无限宇宙的创造性。艺术与绘画将是僵化甚至死亡的。

清朝，为达成部族性的统治，从康熙、雍正、乾隆以来，逐渐禁止创新，一切以清静、无所作为为主。是以清代艺术及绘画的创作都以模仿古人为主，没有大的开创。清末民初，西方文化凌空而下，传统文化摧枯拉朽地崩塌，人们都以为效仿西方，或全盘西化为民族自救之道。在绘画上，也当学习西方的古典写实，将时空拘束住，用定点透视，展现物体的立体性，一切现象的现实性。以物件的物质性为主。换言之，要把传统中国美学上所追求的精神性上的空灵、飘逸、和谐、无限取消。由此，我们看到近代画家徐悲鸿提倡的写实性，以及李可染在山水画中表现的崇高与厚重。

赵无极到了巴黎，在理解西方现代性的寻求时，借着保罗·克利带着中国情味的表达，立刻开展出原本传统中国的空灵与无限，全面进入西方当代的抽象表现中去，而后再以《庄子》《老子》《周易》中无限宇宙的创造动能，配合现代科学所得的太空图像，化为今天脍炙人口又令人咋舌、目瞪眩迷、流连忘返的抽象绘画艺术，成为当今最具现代性的绘画作品。

## 浪漫本质的体制外画家——常玉

有趣的是，另一位中国留法画家——常玉，他比赵无极早二十六年去巴黎留学，也就是一九二一年。那时巴黎已是引领新艺术潮流的世界中心，无数满怀艺术理想和远大抱负的年轻人从世界各地来到巴黎。他们在那里求学、奋斗，许多艺术史上开宗立派的人物，如毕加索、皮特·蒙德里安、霍安·米罗、萨尔瓦多·达利等都在这里创作、求发展，还有众多的年轻艺术家在这里努力着，他们在新时代的引领下，不断探索艺术的真实是什么，以及如何从艺术的表现上展现新时代的精神。因此各种各样的尝试在这里都可以表现，是以人们都称这是"巴黎画派"。常玉到巴黎之时，正是巴黎画派最蓬勃发展的时候。

"巴黎画派"这名称不是针对某种艺术风格而有的称谓，它只是特指两次世界大战之间的那段时期，一群客居巴黎的外来艺术家，共同表现出来的各种新尝试下的艺术成就。这些人来自不同国家，但在本质上都带有丰富的浪漫主义色彩，他们把绘画当作是表达自我内心，而不是解释外在世界的工具。

一九三四年法国出版的《当代艺术家生平大字典 1910—1930》里记载，常玉在当时曾经以水墨作速写，还于当时的法国秋季沙龙举办油画展，并为法文本的陶潜诗作插图。这在当时对一个三十岁出头的年轻中国画家来说是一大殊荣。

常玉年轻时也随其父（四川大学者，也是大画家）学书法及画画。他家道殷实，大哥在四川南充经营纺织非常成功，二哥在日本经营牙刷公司，也非常成功，他们都支持常玉游学国外。

一九二〇年到一九三五年间，因兄长支持，生活优渥，加上自身的天赋，常玉三十年代的素描及油画是被巴黎艺术界赏识的。画家席德进曾说过一个他听来的故事：常玉早年在巴黎，几乎成了名。

当时有一位画商想捧他，并付了画钱，准备为他开画展，结果到了交稿时间，画商来拿画，常玉交不出来，而钱又被常玉花光了；于是画商一怒，去捧了日本画家藤田嗣治，结果藤田嗣治享了大名，而常玉就此失去了机会。

常玉一生任性又淡泊名利，许多人认为这是他艺术生涯的致命伤。他在巴黎的法国友人说：他为人随和，但总不脱巴黎画派的那股波希米亚的气息。

可能是因为这份波希米亚的气息，也可能是因为任性与淡泊名利，常玉到巴黎，并没有进什么正式的学校，而是进了私立大茅屋画室，在学院体制之外，自由自在地学画，并充分享受那个时代巴黎画派所呈现的自由性。而后赵无极，也进了大茅屋画室，没有进一般体制内的学院。也由于此，我们今天才看得见赵无极无限的创作能量，以及常玉极具个人风格的绘画作品。

在我看来，常玉的作品，也是东西艺术自然融合的精彩表现。

## 空间意识

常玉的画，最引人注意的是他的画面，不论是裸女，还是静物，还是风景与动物，都留有极大的空间，这种空间，其实是传统中国绘画上特有的空间表现。这是来自中国传统的时空意识、宇宙意识。

如《老子》开篇说：

> 道可道，非常道，名可名，非常名。无，名天地之始；有，
> 名万物之母。……此两者同出而异名，同谓之玄，玄之又玄，
> 众妙之门。

这是说，我们用一般言语名词，无法真正表达出那永恒而又完整的宇宙真相与真理。这是因为人类语言文字有其局限性及分割性。我们看所有人所使用的名言概念，都是表达客观世界中的某一部分而已。何况宇宙世界的构成，分两部分，一部分是具体的存在部分，或说是"有"的部分；另一部分是一切尚未形成前的部分，或说是"无"的部分。但人们都只注意"有""具体存在"的部分，总忽略"无"的部分，如此名言概念自然有其局限性。其实这两者都是构成宇宙的部分。就因为天地万物，从无到有，又从有到无，因此成为一个完整的"道"，完整的宇宙。这一观念在《周易·系辞传》中也说"一阴一阳之谓道""阴阳不测之谓神"。此外，庄子展现了辽阔无垠的时空，并从天空俯瞰大地。这种空间观展现在常玉的绘画中，成为他基本的绘画空间形式。

再者，《淮南子》说"有生于无，实出于虚"，这种空间观，在绘画的表现上，"有"的部分是展现"无"，而"无"的部分也要展现出"有"的存在。如此有无、虚实、阴阳间的互动，画面才显得既简约又饱满。同时，在空间表现之外，常玉还以毛笔书写出绘画的轮廓，用线条抒写出舒缓抒情的慵懒，这是他对女性美的发现。他的《红毯双美》与《金毯上的四裸女》，都是用既平淡又饱满的色调平涂画面，而后用写意性的线条拉出极其随意自在又柔软的身体，再加

上毯上的金线纹与长寿纹及半张脸上的眼睛、鼻子、嘴，所呈现的点，再加上肚脐和胸部的乳头，全图由点线面呈现出丰富的视觉跃动性，使整张图画既空灵又丰富。

裸女图像中的空白及特殊的视角，使得女性特有的丰腴更显夸张，也似乎清楚地传达出他对女性的爱恋。只是女性虽有丰腴诱人的丰臀和美腿，但都不着墨脸部，不知是否常玉不想再走入爱中，受爱的制约？

至于常玉的静物，他的花卉同样静雅闲适，在各种不同的单色颜色中，使花卉凸显而出，在空阔无限的空间中，展露出盎然的生命力，并且常玉使用传统的通透法，让花鲜活地在大气之中摇曳生姿、气韵生动起来。

常玉的《瓶花》，或种在盆里的花卉，如《白莲》《红底白菊》，或《盆菊》，或《红色背景的百合花》等，都如同庄子在《逍遥游》中形容的藐姑射山上的神人——肌肤若冰雪、绰约若处子，亭亭玉立地昂首天外，这似乎让我们看到了常玉因向往自由而散发出来的傲气。

至于他的静物，空间展现得更大，也似乎是从高空俯瞰大地，这是常玉绘画的视角点。尤其是在《白象》《孤独的象》《猎鹰》《沙洲翱翔》《荒漠中的豹》《水牛》《马》《原野之马》《豹栖巨木》《绘画》《鹰与蛇》中，所有生物都如此渺小，他似乎洞穿了在这无限空漠的宇宙中生命的渺小与偶然，却又因生命而展露出无限天机。宇宙天地间的神秘即在此偶然中，是以他有好些画作的颜色，充满了玄秘性，如《长颈鹿》《鹰与蛇》《斑马》《新月》《绘画》

《夜景》。常玉也好画鱼，这又使人想起庄子的"观鱼之乐"。同时，他好画莲，如《荷花与金鱼》《荷花》；也写竹，不论是什么画作，都一定安置在极其空阔的空间中，可见他性情的雅洁与高古，即使在画作中裸女代表他的性与爱；花卉代表他的苍凉而美丽的梦；风景与动物代表他对宇宙生命的了悟，但也是他的绘画艺术展现他的宇宙的生命情景——从他的绘画中看到了他这个人。

常玉的画面总在辽阔的空间、虚实、有无的对比中，玄秘的色彩既平淡又深邃。常玉将庄子辽阔的空间性和老子"有无相生""虚实相应"的宇宙观，融为自身绘画审美元素，他又接受西方的现代绘画的强烈自我表现方式，创作出自己独有的画风，旗帜鲜明。人们只要一看，印象鲜明而不忘，即使在其死后，人们对他的画作还牢记在心，喜爱不已。


## 以东方元素再创造


中国近代绘画，多半随西方绘画而行，而赵无极与常玉，则是将传统中国绘画元素融入西方绘画中，开展自己特有的画风，并达到世界艺术最高的成就。尤其是赵无极的创作，更成了二十世纪用绘画表明现代性的最佳绘画作品。

赵无极、常玉他们到了法国，并没有迷失在西方古典写实的传统绘画之中。他们在中国受到了传统中国艺术与人文的教育，熟悉于中国绘画的语汇，他们将此语汇进一步开展出自己独有的画风。

近代中国，能将此传统美学化入西方美学之中，成为其艺术审美的要素，并扩大西方审美认知、获得世界艺术成就的还有许多人，如当代电影导演李安、现代舞蹈家林怀民、美籍华裔建筑师林樱。他们得奖的理由，都是将东方的审美元素加入了西方的审美元素中，扩大丰富了西方艺术并给予创作上的更大可能。

此外，白先勇带领团队制作的青春版《牡丹亭》，则是从原本传统美学上再反省、再深入的探索，制作而成，其在世界巡演近三百场，场场轰动。由此可见，凡能在传统上真有所见，必能走向划时代的创作。

卷二　艺术思想的传承

# 中国先秦思想对美学的影响

> 中国学术思想乃以人、以人的生命与情意为研究的对象，其间美学与哲学的相通性更是密切而不可轻易割裂。我们或说它是中国学术中的一体之两面。

## 东西方美学元素的交融

美学原本是哲学中的一部分。这是西方学术传统中一种隶属与分类关系，在中国，学术思想是否也能从这个角度加以观察与认识？答案是肯定的。中国美学也含藏在中国传统学术思想与哲学中。因而我就根据中国学术思想的发展与中国哲学的特质，试着来说明它们对中国美学的影响。

## 中国哲学的第一命题

孔子提出"仁"字以界定人之所以为人这一概念，一如古希腊哲学家泰勒斯提出"万物的本源是水"这一成为西方哲学、学术根源及方向的第一命题，不只决定西方学术向客观世界探查，并以"物"为真理主体等的特殊性格。而孔子则以"仁者爱人""仁者人也"为中国哲学上的第一命题，也为中国学术提出了最主要的课题。即是以"人""仁"为真理的主体；以人所开出的生命世界为学术探讨的对象。

"仁"从"二""人"。"二""人"即有沟通的意思，一个以人为主体的世界，人与人之间的关系，其特质即在相互的需要、反应与依存。我们称之为"爱"或"爱人"。人类似乎没有不需要爱而可以生存的。换言之，人虽是动物，在生存的发展中也得追逐本能和欲望，要求生存中的舒适或喜悦，以此求得生命的延续与发展。但人毕竟不同于动物，其不同在人能自觉于此需要，并主动选择自己的需要。人的爱不是单方向的爱，而是得在双方的反应中，协调一致，达到和谐的状态，因而人类的爱具备一种双向交流的特性。孔子的"仁者爱人""仁者人也"具备三层意义：

（1）人并非如古希腊哲学家亚里士多德所说"人是理智的动物"，而是"感情的动物"。因人最大的特质在"爱"。

（2）只是此情感与爱和动物不同，其具备一种自觉性。即人能反省，能自我意识。

（3）在此自我意识的前提下，人的爱与情感主要在一种双向的交流。也唯有在此双向的交流下，才能沟通你我，打破孤立与主客体的隔阂，相互融而为一，达成一种均衡与和谐的状态。因而"仁"有融通和合之意。

这是人最适当的爱，这就是孔子"仁"的含义。换言之，"仁"有"爱"意，有"觉"意，有"最适当的爱"意。而这是人的特质。人在自身生命内在情意的需要下，经自觉的过程，最后获得心灵、精神及生命的和谐，这时即进入"仁"的世界。从个体到群体，从群体到个体，双向交流，相互沟通。孔子也以"仁"来谈美、谈艺术。他说："人而不仁，如礼何？人而不仁，如乐何？"

礼乐在中国从西周到春秋，虽是一种政治活动，也是一种艺术活动。礼基本包含各种仪式，自古仪式的主要目的在贯通人们的情感，并引导人们的情感，使情感从盲目、原始走向一种秩序、融融而达于和谐。今天我们看台湾地区原住民所保有的各种祭典，仍可亲切感受到这番来自人类内心的温情，人若失去这份温情，礼的意义何在？而音乐更是直接表达人的感情。《尚书》中说"诗言志，歌咏言"，诗、歌虽略有不同，却是表达人内在最大的向往和热情。人若没有了这份感情，音乐的意义何在？

中国的礼乐成于西周，大行于春秋。读一部《左传》，即可感受到社会因礼乐而兴起的一种风情，一种美，一种人生的艺术。今天人们好说那是艺术的政治化、伦理化，是艺术尚未自觉、独立的表征。其实换一个角度，亦不离开事实，那又何尝不是政治、伦理、社会的情感化、艺术化。是以，孔子又说："《诗》三百，一言以蔽之，曰：'思无邪。'"

## 直——无邪之美

什么是"邪"？邪就是不直，无邪就是直。"直"是什么？就是指人内在那份深沉的情意。《诗经》三百零五篇，其中有正有变，在《国风》中多是男女之情，其情有正面的肯定，如《关雎》《桃天》。但也有《氓》《柏舟》等遭人离弃者。《雅》有大小，其着重在群体政治的活动，但其中有赞颂，有怨责，还有颂扬祖宗的歌咏。其一切都真实地传达了人们内在最深沉的情意，表达了人们内在对生命最深沉的向往。此就是"直"，就是"思无邪"。当然，人不能止于情感，是以孔子又说舜的韶乐"尽美矣，又尽善也"，而周武王的武乐则是"尽美矣，未尽善也"。虞舜的韶乐和武王的武乐，其共同点都在美上，不同者则一个已尽善，一个未尽善。

今人常说古人美善不分，证诸《荷马史诗》确是事实。观之《论语》也有同例："里仁为美""君子成人之美"，以及"君子有五美：惠而不费，劳而不怨，欲而不贪，泰而不骄，威而不猛"。我们若把这"美"字换成"善"字，其意似也可通。不过观诸整部《论语》，其用字遣词，似乎都非常精确而谨慎，此三处用美的意长，还是用善的意长？是可仔细推敲玩味的。更何况"尽美矣，又尽善也""尽美矣，未尽善也"，其美善两概念性意义非常明确，绝不含混。虽然在中国美与善有相通性，至少在字形结构上都从"羊"。只是前者以"羊"大为美，似乎偏重形式；后者从"羊"从"言"，似乎略重思想。而在"尽美尽善"这一命题中，孔子其实进而标举出更高层次的美，即美善兼尽的美，才是真正的美，理想的美。换言之，有"仁"之美才是真正的美。善是在"仁"之前提下才能成立的。因仁在孔子学说中已是一切生命的中心，是学术、哲学、人生之大本。此后中国一切学术、事理都从此出发，成为中国思想、学术、文化的大河。

孟子继承了孔子的思想，说："可欲之谓善，有诸己之谓信。充实之谓美，充实而有光辉之谓大，大而化之之谓圣，圣而不可知之之谓神。"我们都知道孟子倡性善，而孟子的善从何处始？此处简单地说，始于生命本能的满足。因为凡生命之存在，无一不是从生命基本的满足开始，故说"可欲之谓善"。唯人的生命形态与发展已不同于动物，一如前面所说，人能意识自己、能自觉。从意识与自觉中逐步建立自我，是"有诸己"。到此时属于人的生命才真正开始，此"之谓信"。"信"有真实不虚之意，其中包含了人的反省、回顾与认识力。是以孟子在别章用仁之"四端"来进一步说明性善。


## 充实之谓美


人类有了认识力，有了此生命之实体，还得充实它，才能达到美的境地。"充实"，用今天的话来说，当是从多元化的角度，了解生活，认识生命，发展知识，增强理性，以此丰富我们的经验、心灵和认识力，深入事物的本质，以达于真实——这样才是美。美在孟子也不单是诉诸感官。有了前述的充实，进而形诸于外，超越个体经验，突破个人诸种限制，凡在日常感受、理智思维等不足表达处，都能有所表达，此即是"大"。此"大"是建立在美的基础上，是美的发展。质言之，艺术、美感不能只停留在一种经验或僵化的形式上，而应带我们进入更大的空间，甚至走进创造的世界。人类一切创作，常给人生命的最大喜悦与进展，我们从艺术的广义角度看，这都是艺术、美的创作。是以我们可以说科学是美，一切物质文明的建设，亦可以称为美，称为艺术活动。这也是大，大有无所不包之意。当大到化通一切差异，进入一大同世界，此即是"圣"，圣有"通"之义，圣人也可谓"通人"。当人们通于大体，使人世间无隔阂，无成见，人们皆可以以自由的心灵相交往，以类通万物之情，甚而到不可知之的地步，这就是"神"了。神就是不可知之之意。

庄子在《逍遥游》中就发挥了此"神"意，这是人类精神的最高表现，也是人逐步脱去来自（一）个体生命——生死的限制；（二）本能情感或一般心理的直接反应；（三）理智、思维、知识的钳制；（四）现实环境的种种条件。由去除上述几项而获得的大解放。故而他又提出"忘我""忘物"，甚至"忘适"，忘去因"忘我""忘物"而来的舒适与喜悦，达到内心毫无牵挂，毫无期待，毫无黏滞的清明世界。如此才能还物我本来面目，自由地出入于浑然的天地世界。所谓"乘天地之正，而御六气之辩，以游无穷者"。这就是神游，是神人之所至的地步。简单地说，人的精神到了这一地步，即与天地万事万物相融通，其中泯除了对立、冲突与矛盾，而达于主客体的融融与和谐。

西方心理学也说，这份渴望与人与物合而一体的情感是人所特有的。当人失去这份融融与和谐时，即会感到孤独、疏离，造成精神上的焦虑与痛苦。今天西方许多艺术直接反映这种不安与挣扎，即直接反映了现代西方人的内心世界。

庄子的学说并不否定人的感官世界，其实中国的学说大多不去否定人的感官经验与物质世界的真实性和影响性，只是他们在感官经验与物质世界的基础上，提出人的精神的可能性或阐述精神上最大的可能性，乃因他们认为，根据这特性，人才是人。这也就是孔子"仁"字意义的扩大与发展了。

魏晋南北朝可说是中国美学的建立时代。当时的人从人到物，从感情到外在环境，莫不以庄子的精神与学说为标榜。唯在此标榜中仍遥指于孔子的"仁"。"仁"已成为中国根深蒂固的美感经验了。

中和融通，神韵流传

中国学术思想随着时代的脚步，由孔子开始，历经墨子、杨朱到孟子，再经庄子到老子。老子具体地提出自然的规律性、一致性、整体性、流动性，说这是"道"。他从"无"看"有"，从"非存在"看"存在"，从自然看人生，明确地打开了中国人的新天地，使中国人看到有无的对立与统一，自然与人文的矛盾和一致，静与动原来是浑然一体。而这就是道的融通，美其实也是一"大和"。是以《中庸》更正面地提出"和"这一概念。

《中庸》说：

> 天命之谓性，率性之谓道，修道之谓教。

先将自然与人文做一结合，而讲一切事物包含人都有其不可违抗的自然部分，这也是生命必然遵循的道路。只是人能从此被动、受支配的命定限制中，透过人的智慧，加以调整，进而求得人类自身生命的自主性。这就是"教"，是"修道"，是人文教化的所在。

庄老面对长期儒、墨等以人事为主的思想发展，从人事走向自然，要求回归自然，或以自然的规律指导人事。而《中庸》则将二者调和，并具体地点出自然中加入人文才会更好。

《中庸》接着又说：

> 喜怒哀乐之未发，谓之中；发而皆中节，谓之和。中也者，天下之大本也；和也者，天下之达道也。致中和，天地位焉，万物育焉。

《中庸》直接以人的情感——喜怒哀乐为人的天性，为人自然生命之道，含藏于人内在生命之深处，谓之"中"。唯人当使此喜怒哀乐之情，达于恰到好处的地步，此叫"中节"，也叫"和"节。中国人取象于竹子，因竹子的成长有其阶段性，且每一阶段又具备双重功能。一是上一阶段的结束，一是下一阶段的开始。就在此节上似乎孕育了丰富的生机，生命有了更高的发展。人当凭着人所特有的觉性，将内在深沉的生命情意处理得恰到好处，使人的生命有如竹子般步步升高，达于一完整的生命体系。这是中国人的生命观，也是中国人的和谐观，是孔子"仁"字的再发展。配合了天命自然之所在——中，也是宇宙构成之根源，人们运用了智慧，求得自身以至宇宙的根本和谐，使天地各安其位，万物在宇宙均衡和谐的秩序下繁荣滋长，生生不息。这就是"致中和"了。

今天西方的现代科学，诸如物理、化学、生物、生态，似乎更能详细阐释《中庸》的此番道理。两千多年前的中国人，凭着当时之观察与经验提出如此看法，以"中和"为宇宙生命的本体，呼吁人类当以"致中和"为本务，不得不由衷地佩服。此下中国的学术与艺术似乎也致力于"中和"的探讨与发扬，是以在中国艺术中似乎没有以恶、以悲苦、以绝望为主题的。魏晋南北朝在艺术的规范中提出形神论，以形写神。此"神"即指人在喜怒哀乐中最具生命特性的那一点。书圣顾恺之画画最重点睛，他认为眼睛乃人传神之处。他的《洛神图》最动人心弦的，莫过于曹植与洛神相互凝视的眼神上。而此神，也就是那千古不移之情。此外，又有所谓气韵生动，更具体地彰显出宇宙生命的流转，此即中和之气，亦是中和之道。


## 中国艺术的空间美

中国艺术也因这些来自先秦孔子、孟子、庄子、老子以及《中庸》所赋予美的意义，而建立艺术上的中国独特的风格与形式。当孔子以"仁"说明人的情意、觉意及双向交流的活动，其中已暗藏一内在的空间性。因唯在此空间下才能容人、容物、容天下而有交流的可能。

晋　顾恺之《洛神图》————
（台北故宫博物院藏）

空灵与无限是中国美学范畴中最重要的表现。

同时也在此通透的空间下，人的情意才能充分表达。因此，中国艺术
也具有了此特有的空间性。一如在绘画上有所谓的留白和虚实相应，
使整张有限的画面上都呈现无尽而整体的天地。即使如北宋时期的
画家，他们的画通常是以全面的布局为主，其中山水的层次与远近
也留有气韵流荡的天地。书法虽仅是线条的变化，但就在这变化中
不只表现出生命的律动，也呈现出一个完整圆融且具有生机的空间。
戏剧，从舞台、演员到表演动作，既写实又空灵，既具体又抽象，
给人充分想象的余地。音乐、歌唱、舞蹈也在有声无声、高音低音、
动与静、刚与柔中曲折回转，使情感表达既含蓄又尽情，并使观者、
听者低回玩味不已。至于建筑、园林在空间的处理上，更是明确具体。
这空间性使所有原本在外的观赏者都有参与的可能，其消除了人与

五代 《丹枫呦鹿》（轴）————————
（台北故宫博物院藏）

作品展现中国艺术通透的空间意识。

北宋范中立谿山行旅图

宋　范宽《溪山行旅图》
（台北故宫博物院藏）

传统绘画中的崇高壮阔，也以空灵的形式呈现。

物的对立，也化解了主客体的对立，使作品与观赏者浑然成为一体。此空间性的特性可溯源至孔子"仁"字的意义。谈中国美学若不从此处入手，怕是不能取得明珠而还。更何况艺术通常是人思想的形象表达，而思想往往为艺术形象的内在指导。是以在人类的文化活动中，思想与艺术可以相互渗透，交互影响，而后将每一时代的特殊风貌，透过作品具体地呈现出来，成为每一时代、每一民族的最明显的见证。

中国学术思想乃以人、以人的生命与情意为研究的对象，其间美学与哲学的相通性更是密切而不可轻易割裂。我们或说它是中国学术中的一体之两面。当我们透过智慧以行动将人的爱或内在的生命情意，做了最适当的处理，我们说这是善。若从均衡和谐的这份状态和情意上看，我们说这是美。"里仁为美""君子成人之美"以及君子有"五美"都是从情意中论，如此才更真实而深入地表现出人因内在的这份深沉情意所带出的风致与美。

善与美是中国文化的重要支柱，以往中国人认为先得有"善"与"美"才具有"真"的可能。是以我们说中国文化乃艺术的文化，中国学术也具有一种艺术性，诚不可动摇之论。

# 人性的觉醒
## ——中国美学思想的初建

春秋以至战国是中国人性全面纾解的时代，也是中国以人的心灵意识为美学中心建立的时代，中国往后的文化奠基于此。此时期，一切艺术品皆为此一伟大时代的见证。

春秋战国是继承西周而来的时代，西周在政治上创建了封建制度，在社会上建立了宗法制度，在文化上建立了礼乐教化。换言之，他们以礼乐教化将政治、社会展现出艺术性，带动了人内心的情感，提升人性的质量。

其后王纲解纽，周天子名存实亡。诸侯国摆脱了周天子的影响力，相互间平衡地发展起来，于是天下、社会展现出新的活力。

首先，原本是维护宗法社会、封建制度的礼乐失去了神圣性，而完全展现出它的艺术性。这艺术性从贵族落入整个社会之中，使整个社会不论上下阶层都表现出一种美的风情。

## 王纲解纽，民间活泼的艺术生命跃动而现

我们可以从商周时代具有威吓性或伦理、政治性的青铜器，变成只是各诸侯国宴请宾客时华美的餐饮具这点来观察。其中，器物虽具实用性也用于祭礼，但在于达到生活的享乐之用，餐具中美的素质增加了。尤其在较边远的非中原性国家，这种具有美的艺术性更明显地呈现出来。

在这种美的要求下，人类情感以及自我意识开始真正萌芽。

西周初年，封建、礼乐制度创立，我们可以说，这时开始有人的意识。但到了春秋，从政治的纾解，到美的生活化的展现，"人"成为艺术的主体与课题。

我们可以看到，在春秋战国的器物中，人物造型增多。同时，透过人物造型如以人支撑各种台座，或以人为灯座的各种形态，表现出人的主动力量，人正式地登上了宇宙世界的舞台。

尤其当时喜用人来做掌灯的台座，其中似乎在象征人为这世界带来光明。这与西方总是由"神"为人类带来天火是不同的。同时，人物的造型，也并不如西方世界希腊、罗马的雕像，只是平实地表现人在生活中单纯的个体与力量。

春秋战国在人"自我意识"的觉醒中，认识了人的生命的多样性、变化性、生活性，因而展现在器物上，并以此生活表现，作为艺术的表现素材与方式，成为美的基础。而这也就形成中国美学的中心了。

苏醒的人文意识，替代了宇宙神秘的力量。

同时，冶金术的进步，使我们也看到当时的艺术家在铸造器物时，

商后期 司方尊
（台北故宫博物院藏）

商朝以青铜器作为祭器，造型
展现宇宙的力量。

西周早期 皿卣
（台北故宫博物院藏）

西周将青铜器转化为礼器，代
表人文精神，呈现庄重、肃穆。

将动物身体做种种扭曲，借以展现出生命力。他们似乎从人的自我意识中，感受到宇宙中最巨大的力量是生命的本身。

而生命本身中最动人的质素，是人以及一切动物内在的情感。我们看到，以动物如犀牛、河马为造型的青铜器，其中呈现的不是早期代表宇宙中神秘力量的威猛，而是充满人性情感的表情。特别是眼睛传神的手法，让观赏者似乎可与之对话。此外，中国艺术也展现鲜活的生命力，比如在这幅攫蛇铜鹰的青铜器图片中，我们可看到老鹰展翅飞翔的跃动姿态，甚是生动。

这些作品成功地表现出当时人们细致的观察力，同时也展露出惊人的写实手法。只是中国的写实性，固然一如西方，必须合乎自

战国中晚期　攫蛇铜鹰

然的生理结构，但更重要的是，如何借此传达出蕴藏在内的情韵——中国称之为"神"。

　　老庄思想使"有无""虚实"的空间感，呈现于艺术造型中。

　　当然，生命的彰显，不只在表情上，还表现在宇宙的空间中。

战国青铜器
鹿角立鹤镇墓兽

战国末年　十五连盏铜灯

战国末年　十五连盏铜灯
（局部图）

特别是在庄子及老子的思想提出后，器物与空间关系成为艺匠们在铸造器物时必须考虑的因素。

如这张长颈兽之作，那浑圆的臀部，圆厚的前胸，除了表现其自身的生命力，那伸长挺直的颈子及头上翘起的双角，似乎将有限带入无限之中。是以当我们再看到这只飞鸟的造型，它已不再是商周早期稳如泰山的静止状态，而是随时会展翅高飞的姿势。这一表现的重点，不只在鸟的动势，还包括可高飞的无形的天空。

"有"与"无"的结合，是中国从生命意识中对存在空间的觉醒。

此后，我们可以看到任何艺术的造型都存有这种虚实、有无相应的设计。譬如这座青铜器油灯灯座，以一棵桃树为主，树下有人在指挥一群猴子在树上摘桃子。作品营造多重宇宙的空间，中间的主干为地到天的通天树，也是天梯。人的觉醒促成人们驯服自然，使自然人文化，这也是人类文明的开始，是人与天地合一的象征。这种空间造型的设计，真是美丽绝伦，将中国艺术借有形事物，展现无形空间的空灵性，表露无遗。


## 艺术品展现心灵的解放

然而，不只在青铜器，南方的漆器亦然，漆器不只是木器雕刻，也是绘画的表现，或说漆器是具有丰富绘画性的综合艺术。

我们发现，在漆器装饰性的图案上，原本在商周青铜器上代表宇宙中具有超自然神秘力量的云雷纹，已化为飘逸流动的云气纹。这不仅是人们借以表达对宇宙的认识，说明大气乃天地万物存在的根本，同时也表现出人们在此认识中所获得心灵的解放与自由的可能。

春秋以至战国是中国人性全面纾解的时代，也是中国以人的心灵意识为美学中心建立的时代，中国往后的文化奠基于此。而此时期，一切艺术品皆为此一伟大时代的见证。

# 浅谈中国艺术的空间性

中国后世在美学上讲气韵生动，要求出神入化。谈飘逸、讲神秀、求空灵，无一不是这观念的延伸及空间性的展现。

任何艺术的构成离不开空间。空间是人类艺术最基本的构成条件。不同的文化，孕育出不同的空间意识，也构成艺术中不同的空间性。

中国艺术，在自身特有的文化下，呈现出自身特有的风貌。

新石器时代，中国彩陶在形制上，固然和世界其他地区的彩陶有共同的原始艺术特征，但同时也表现自身强烈的个性。

此个别性，不仅是图饰上的，只就彩陶的形式，我们也会发现：中国彩陶比其他地区的彩陶，呈现更多变化中的均衡性与整体的和谐性。这不只在彩陶的瓶颈、腹、底、双耳等的比例分配上看，也可从其形式的边线展现轮廓上看。这种边线的处理，能使彩陶从自身所处的环境中凸显出来，成为视觉上的一个焦点。

商周青铜器，展现了中国器物中特有的雄健、肃穆、庄重的美感。这些美感也来自其自身更精准、严格的比例分配及达成对称性。尤其是其中心的垂直点，似乎更使它们成为天地间的规范、尺度和平衡器。

春秋到战国，中国学术思想日趋成熟。公元二千五百年前，孔子提出"仁"，作为"人"的注解和定义，使人们了解人之所以为人在于有仁。一如近代十九世纪后期心理学大师弗洛伊德提出"欲"作为人的基本定义和注解以建立现代心理学。

孔子以仁说明了人的共通性。凡是人必有仁。什么是仁？其实仁就是爱。只是不同于一般性的爱。一般性的爱是本能的爱，是单向的；而仁是双向的、是沟通的、是相互搭配的。这种爱是互相为对方留余地、留空间，而后进入相互的融通与和谐。它消弭了人与人间的隔阂，也灭除了人我、物我，内在、外在的对立。

庄子从这基础上，提出无限空间观。他以大鹏鸟一飞冲天，抟扶摇而上九万里说明空间的无限性，同时也以大年、小年，并在《齐物论》中做无限的追溯，说明时间的无限，开拓了当时人们的视野，一新人们的心灵世界。

老子更提出抽象的"有"与"无"，使人们从经验界进入更纯粹的思维世界，从有形进入无形，从存在界进入非存在界，又相互并存于"道"中。《易经·系辞传》本于此提出"形而上""形而下"的道理，并说明宇宙生生不息的变化与整体规律。

在这一观念下，中国社会一切事物的发展与建造也都本于此。

春秋战国时代的艺术也都具体呈现并佐证了这特有的时空观。

西周晚期 觥
（台北故宫博物院藏）

透过它的玲珑的穿透性，在交错
的空间中，使青铜器的重量消除，
成为灵动的动物造型。

举凡玉器、青铜器、漆器、陶器，甚至兵器等，无一不是这观念的形象表达。每一个物件、艺术品，几乎都是想从有形的器物、有限的空间展现到无限的空间和无形的世界去，而后又透过无限、无形的空间去呈现、凸显艺术品的特殊性与个别性。因此，每一个物件、每一件艺术品都是这有限与无限的交融，有形与无形的汇合点。如此交错、渗透，谱织成中国文化、艺术的宝殿。

中国后世在美学上讲气韵生动，要求出神入化。谈飘逸、讲神秀、求空灵，无一不是这观念的延伸及空间性的展现。即使是气象壮阔、雄大壮烈的大型户外雕刻或建筑，也都加入了可相互渗透融通的空间性。一如一座庙宇、佛塔的建构，固然有它自身基本形制的要求。但地形、地物，甚至天地间的关系也都搭配进去，务必配合到天衣无缝。也就是要使得此自然界不因多此一物而显累赘或突兀，进而要使自然界因多此一物而更添神韵，甚至把原先潜藏的美丽，发掘而带入更灵透的境界。今天我们走到故宫，仍可感受到其想呈现的辽阔。这辽阔性不是因为空占一广大面积而产生的，而是整体建筑群的规划凸显出来的。

我们若到山西五台山看到那一群的庙宇，更可感受到天地间的空灵。在拉萨，眺望高耸入云的布达拉宫，更可体会到西藏天空的高朗与明亮。

中国传统绘画，更是在有限的平面空间，展现无限流动的空间与时间。古来所谓平远、深远、高远，或说散点透视，其实都是画家在有限画面的山与山、水与水、树与树之间，借各种相互通透的空间，交织出一片融通于天地的鲜活画面。所谓可居、可息、可游；所谓咫尺千里，莫不如此构成。

雕刻作品，大至大型神兽像、佛像，小至案上文房用品，诸如水盂中的微弯的勺柄、端砚、笔架，无一不具备这种特质。甚至家具、摆件，也都是尽量呈现出这交互融通的空间性，各自俊逸剔透地从有限指向无限。

当然，构成艺术的基本要素尚不止空间性而已，但是这空间性不可否认地也是其中的要素。各民族对空间的体认，创造出各民族艺术的形象。中国也因此交互融通的空间性——从有限到无限，又可从无限回归有限的渗透中，使中国艺术在人类世界中有其独特、强烈的民族风貌。

# 略谈中国绘画的抽象性

中国传统绘画乃是用有形的现象展现无形的大道，又以无形的空白，呈现具体有形的万物。

西方在文艺复兴时期，人们受古希腊思想的影响，终于将视野从上帝的国，重新回到人间。意大利美术三杰之一的米开朗琪罗，为西斯廷教堂绘制壁画，虽全是根据基督教里的圣经故事——从上帝造人，到世界末日；由天堂到地狱。林林总总，仍全是在具体存在的空间中展现人类生存的百态。其实，西方绘画自古以来都是如实地完成"具体存在"世界的一幅幅写照。不论是古典主义、浪漫主义、新古典主义，还是印象派、野兽派、立体派，甚至未来派、象征主义、表现主义，无一不是围绕着人具体生存的空间，表现人实际的活动。其间从写实到潜意识，从明确可数量的透视空间，重回到二度平面的色块表现。画面上每一样东西，都实实在在，有形有状、有体有积、有重量、有质感，在"具体存在"的空间中，有确定的位置与关系，甚至位置与位置间也有一定可计数的距离。可以说，不仅是人类视觉上可证验的实物，也是经验上明确的感受。

二十世纪二〇年代，达达主义随着时代的巨轮兴起。抽象艺术所要打倒、破坏的，似乎就是这些看似真实其实虚幻的画面。他们认为，以模特、花卉、风景、静物作为绘画的时代已经过去，具象的表达只是缺少创造性画家的一种自我欺骗。他们在新时代、新科技的引领下，希望更能逼近世界的真实及生命的本质。

于是新兴的画家一则诉诸作者心灵的感受，因此感受中包含人类生命的整个经验与认知；一则打破一切既有的形式，诉诸物与物间的单纯关系，进入纯粹抽象的领域，呈现自然的本质。

因此有人说："抽象艺术就是艺术的本身，是一种包含了最内在本质的永恒的艺术。"更何况，人类生命及生活本身就是一连串的变化，一如每一个人的生命过程中所经历的变化，同时，人类整个社会的现象及精神结构，也是一连串的变动，宇宙的发展更是一连串的创新。二十世纪的西方人在新科学的展现下，深刻意识到这种永恒的变化。抽象艺术也就在这新时代、新知识的影响之下，不仅成为这一时代从事艺术创作者展现自我、发掘自我、表现自我创造才能的重要途径，也成为这一时代的反映与见证。

如果我们能从前述的这些角度切入，回顾中国传统绘画，我们会发现中国传统绘画，早在魏晋南北朝时，即开始离开人间，走入抽象绘画的行列。

## 中国绘画走向抽象艺术的思维与缘起

魏晋南北朝时顾恺之以"迁想妙得""以形写神"，表达出他对绘画形式的看法。宗炳则言"澄怀味象"（"澄怀观道"），进一步表示绘画的重点在"道"，一切形式当以呈现"道"为归趋。此外，还有"神与物游""超以象外，得其寰中"为绘画指标。唐代依承这一观念而说"外师造化，中得心源"。这些观点都提纲挈领地说明：绘画创作的本质包括画家主观心灵的感受，不是单纯具体的客观事物的再现或描述；绘画虽含有画家个人主观的感受，但并非画家个人主观感受的直接表现；绘画乃是画家个人对"道"的体会，而后借着笔墨，直出心臆的表现。

诚如法国作家米歇尔·瑟福所说：

> 每个人的本身既是一独立而完整的世界，也是人类集体精神中的成员。因此，每一个人都能分享这"集体精神"的公共财富。是以抽象艺术的创作不仅在于个人内在自我的发掘，同时也是探索艺术最本质性的自由表达方式。

这又如中国传统画家在绘画的基本呈现上，是对"道"做个人最深沉的体会，而后做最自由的表达。透过这种表达方式，自然地建立起个人最清楚而明显的风格，使绘画与个人几乎融为一体。因此，在中国绘画美学的评论上，最早提出的多是以风格为主的审美范畴，例如"神犹太俗，……世情未尽""巧变锋出，……莫不俊拔出人意表"

等。像这样的审美范畴，基本上是不离画家个人的气质、品位、情思、素养，而这些气质、品位、情思、素养，其实就是来自画家对"道"的体会和表现。

这又如米歇尔·瑟福进一步谈论当代抽象艺术的生命和持久性时所说："当较深入地去探索抽象艺术本质时，我们确信，只要艺术家本人具备真正独创的天赋，那么在任何作品中都能以新颖的手法体现这种卓越而又独特的艺术流派的全部精髓。"又说："抽象艺术的关键，乃在于发现自我，发现最内在的本质，并借助适当的技法，去表现这种蕴藏在我们内心深处的东西。"

在中国来说，内心最深处的东西，莫过于"道"，什么是"道"？

"道"分两种。

其一，"道"是人类内在的性情，也即孔子所谓的"仁"。仁是孔子学说的中心，是孔子提出说明人之所以为人的心理特征，是人对自我性情的认识与觉醒。它从爱出发，孔子说"仁者爱人"，也就是在爱的活动中，人们有了意识、有了自觉、有了沟通、有了了解。如此对外界、对自己不再只是对立和蒙昧，而是有了进一步的观察、认识和发掘，在情意上可相互融溶与通透。人因而脱离了动物，进入人的世界。米歇尔·瑟福所说的抽象艺术是画家所做的自我发掘，其前提也就是在人的自觉上，是因"人"而有，这是"人道"，即所谓的"仁"。

孔子从此处谈艺术的表现："礼云礼云，玉帛云乎哉？乐云乐云，钟鼓云乎哉？"又说："人而不仁，如礼何？人而不仁，如乐何？"礼乐在春秋时代可说是艺术的总体表现，故其言："《诗》三百，一言以蔽之，曰：'思无邪。'"

鲁迅以此句"思无邪"批判孔子以道德情感束缚了中国活泼的人性，斫丧了创作的生机。其实"思无邪"的"无邪"二字在原始意义上可解作"直"。"《诗》三百，一言以蔽之，曰：'思无邪。'"乃指《诗经》三百多篇全是人类直抒胸臆的性情之作，读之可使人了解人类的情感与自身的性情，此即诗教。而后中国在艺术的创作上，无一不是直出于自我的性情，即从自我的内心深处出发。

其二，"道"亦指天道、地道、宇宙、大自然的整体部分。此来源于庄子、老子。

从孔子提出认识自我的性情开始，墨子讲求"兼爱"，杨朱倡"为我"，告子说"食色性也"，孟子言必称性善，无一不是围绕着人类自身打转。

庄子以大鹏鸟冲开序幕，认为人应意识到时空的无限性，以求自身突破有限经验中时空的约束。其方法之一，即先深刻地从内心探索、寻求生命最本质性的根源，看到人的性情底层更深刻的生命动力，以此动力协助我们跨越人们感官认知的限制，而进入人的"神知"之作用中，求得自身的逍遥与自由。为达成逍遥与自由的可能，庄子在开始即把空间做了无限的扩大，点出万物并存此无限空间及大气之中，万物在此无限的空间及大气中，会意识到无限时间的流转。因此，宇宙的空间不是平面而是立体的，不是静止而是流动的，不是呆死而是活生生地共存共浮在大气中。

老子进一步抽象而概括地提出"道"的更大的整体性与流动性。他说：

> 道可道，非常道；名可名，非常名。无，名天地之始，有，名万物之母。故常无，欲以观其妙；常有，欲以观其徼。此两者，同出而异名，同谓之玄。玄之又玄，众妙之门。

老子扩大了"道"的涵融性，说明道包含了"有"与"无"，就是"存在"与"非存在"两个巨大而无限的部分。宇宙也就是在此二者相互渗透、交融并存的状况下，化生出天地万物。由"无"而生"有"，再由"有"而转消入"无"的多重宇宙的空间。因此，我们可从"无"的立场看到万物由"无"而生"有"的奥妙过程。从"有"即是"存在"的立场，我们可见到千差万别的现象。道就是这样从"无"而"有"，从"有"而"无"，永无休止地永恒流转与运动。在这永恒的流转与运动中，宇宙呈现了它永恒不变的变动。老子称此永恒不变的变动是一种恒"静"，是包含着恒动的恒静，而这是宇宙的常形，即道的常形。哲学家要体会这宇宙的恒动与恒静，艺术家、画家要能表达这宇宙的常形。

阴阳家更具体又概括地以阴阳二炁说明宇宙万物的消长变化过程，《易经》根据此建立了宇宙的生成法式。不仅说明宇宙是永恒的流动，更是刹刹生新的创造。整个天地以至生命也在流动的宇宙中生生不息。

## 东西方相异的传统宇宙观

中国人对宇宙、世界的基本看法与西方的传统宇宙观在此有了歧异。西方传统的宇宙观——从古希腊时期起甚至可远溯到埃及古文明时期，架构是不动、静止的，因那是神的居所，是永恒不动的（因动即是变化，即有毁灭）。是以西方传统的雕刻与绘画都是如实地展现神国永恒的静定，即使表现动作，也是在动作中取其刹那间的静定。十四世纪，尤其到文艺复兴时期，更通过透视呈现特定的时空，展现具体存在的物质和人。

中国则离开了具体存在的空间，走向了生生不息、刹刹生新、抽象概括的"大道"。在此道中，宇宙是无，同时是有，人与物也都不是固定而永恒的存在。它们似乎有位置，又没有位置；有形体，又超脱出具体存在的重量。（唯没有重量，才能自由自在地随着大道流转而进入永恒无限的世界。是以中国雕塑与绘画，通常有形体而不求量感，有质地，有力道，但一切则在呈现流动生长的力量。）

中国传统绘画从魏晋南北朝以后，山水画逐渐成熟，而后成为主流，主要是在于其最接近宇宙大道的图像。千百年来，在山水画中，道尽了中国人对此大道的种种体会与摹想。

山水画中层层的山峰，缕缕的山脉，代表着多重的宇宙空间，也象征着天地间阳刚、开创、上腾的力量。下流湍湍的水，则象征天地间阴柔、凝聚、完成的力量。如此上下的力量，再随着画面中散点透视的移转，两股力量缓缓旋转，于是画面由静而动，由平面而立体，天地霎时生机盎然。

元　刘贯道《元世祖出猎图》（轴）
（台北故宫博物院藏）

这张《元世祖出猎图》清楚地透过俯瞰式的视
野，呈现大地的辽阔。远处正在行进的商旅骆
驼，带动整个画面的流动性。中国艺术、绘画
要展现的，是活着的天地，而非刹那间凝固静
止的物体。

明　唐寅《观瀑图》
（台北故宫博物院藏）

传统山水画中的山，代表的是
宇宙向上升腾开展的力量。

传统山水画中的山、水，代表的是宇宙向上升腾开展、向下凝聚完成的力量。可以说，这也是中国绘画上寻求如何突破二度空间的限制，以求咫尺千里，尽得大道的真机的方式。是以在传统绘画的空间中，不求对立体的透视空间，因为这样观者永远在外，与所观的景物格格不入。中国传统的画家，常以反透视法，把人包进画中，使内外合为一体，这也是道的融溶性的呈现，甚至画中之景物关系也呈现其中的通透性，表现物与物中有着共存的大气。此外，中国画家作画时，常取凌空俯瞰或斜处俯瞰的视野角度，这也是为求得整体性最大的表现方式。进而从辽阔性的展现上，再呈现宇宙生生不息的连绵性以至无限性，这一切都是对道体的表现。因此我们可以说，中国绘画，尤其以山水画为主，不仅在抒情，更重要是在表达被概括、抽象出的道体；其间有和无并存，并且有通透的相关性以至辽阔、连绵、无限又生生不息的宇宙表征。

《易经·系辞传》上说：

> 形而上者谓之道，形而下者谓之器，化而裁之谓之变，推而行之谓之通。

这几乎可以说是中国画家的写照，质言之，即是画家如何将形上之道与形下之器（具体存在）融合裁剪，使之相通相融，是以中国传统绘画乃是用有形的现象展现无形的大道，又以无形的空白，呈现具体有形的万物。因之，即使是宋人的高度写实性描绘，其形式仍是通向抽象大道的路径与符号。

中国绘画自此走向了人类世界独特的抽象道路，而不是如西方古典艺术中的"再现"；是画家直接表现个人对大道的体会，或是发掘自我内在的性情，探索生命内在最深沉的本质。然后再运用笔墨，做最淋漓尽致的表现。古代画家如此，近世画家如徐渭、八大山人、石涛等，也无一不是在此做淋漓尽致的发挥。因之古来品评中国绘画作品的高低、好坏，不只在于笔墨的运用，也不只在于形式布局的巧似，还在于"澄怀味象"的深浅，"以形写神"的"神"是否全然出窍而定。

宋　赵孟頫《水仙图卷》————
（台北故宫博物院藏）

在水仙花叶的空隙中，呈现天地间虚与实、有与无的相辅相成与完整性，同时呈现生命力与传神之处。

今天人们常论及中国绘画的前途，认为就形式言，中国传统绘画似乎已到尽头，是以徐悲鸿先生提倡写生，加强中国绘画中的写实性；李可染先生则直接将透视、光影、量感、重墨纳入中国山水画中，一改中国传统绘画中的飘逸、淡远，而求画作的厚重、深沉；其他还有许多人也都不遗余力地致力于传统水墨的创作改造，令人非常敬佩。但是如就中国传统绘画中的抽象性而言，今天人们要是对大道有了新的体得，对生命有了新的认识，对居于现代世界的自我能深入发掘，并以此全然表达，或仍会有合乎这一时代的新山水画，或者属于中国特有气质的新抽象艺术的绘画出现。

# 书法·艺术·性情

> 在中国艺术的领域里，能突破造型限制，而又不离开形象的美感，矫若游龙、变化万端，仅仅以最简单的线条，表达最丰富复杂的情趣，并带人进入"气韵生动"的最高境界者，莫过于书法。

## 艺术——性情的外发

清末大学者兼书法大师杨守敬先生，在他的《学书迩言》中谈到如何学书。除了引用前人所说的三要，即要天分、要多见、要多写之外，又增二要说：

> 一要品高，品高则下笔妍雅，不落尘俗。一要学富，胸罗万有，书卷之气自然溢于行间。古之大家，莫不备此，断未有胸无点墨而能超轶等伦者也。

古人读书之目的在明理。明理，品自然就高。杨先生提出的二要，大体可合为一件事来看。

自古以来，中国人殊重人品。东汉班固的《古今人表》，将人分上中下三等，三等中又分上中下，共为九等。魏时演化为九品中正制，以为拔擢人才的标准。

而后"品"字成为中国品评一切事物的重要词汇。所谓品，即能久经玩味之意。人品高即此人能经得起时间的考验。一如古语"路遥知马力，日久见人心"。进而物也有品。物品高者，同样也是经得起赏玩者。

人世间经得起时间的考验与赏玩者，莫过于人的性情，以及与人的性情相合者。中国人于是以人的性情作为品评一切人和事的标准。

中国的艺术是从人的性情中"直"出来的。《论语》："《诗》三百，一言以蔽之，曰：'思无邪。'"梁代钟嵘的《诗品序》也说："气之动物，物之感人，故摇荡性情，形诸舞咏。照烛三才，辉丽万有。"他更清楚地说明舞咏之所以产生，乃在外物感动摇荡了人的性情。

什么是性情？性情就是人与生俱来的那份面对生命最深沉的情意。其中充满了爱、和谐与均衡。

中国所谓的美，必由这里产生，是以《论语》中孔子赞美舜的韶乐说："尽美矣，又尽善也。"说周武王的武乐："尽美矣，未尽善也。""美"与"善"这两个概念在这里分得很清楚。只是真正的美，当是与善进行了更高层次的结合。

孟子说：

可欲之谓善，有诸己之谓信。充实之谓美。充实而有光辉之谓大，大而化之之谓圣，圣而不可知之之谓神。

这段话是孟子"性善论"的延伸，也可说是孟子"性善论"最精要的说明。只是在这里，我们也同样看到所谓真正"美"的意义。

孟子首先对"善"下了一个基本定义——可欲之谓善。也可说他先处理什么是善的问题。从人生存的本能需要上获得满足，就是善。只是人的生命并不只停留在本能的满足上，而是从满足的基础上逐渐意识到自己，进而确立自己，这是所谓"信"——一个生命最真实的主体。而后能充实这主体的才是美。什么是充实？用今天的话来说，即我们能使用人所特有的这份认识自己的心灵，多角度地来看事物，了解世界，了解自己。一如在中国学术史上，由孔子而墨子，由墨子而杨朱，以至孟子，庄子以及老子。他们各有角度，而后超乎目的，超乎功利，超乎对立。这种认识，就是美的认识，就是美的开始。

换言之，在我们的生活里，当我们的言语及各种活动，不足以表达我们内在深切的感受时，艺术之所以为艺术，即透过它特有的形式，将我们的经验延伸，使我们进入一理想或有创造性的想象世界，使我们的情感获得充分满足，这就是"充实之谓美"了。

再从美的基础上，发挥人特有的创造力，带人进入一个更广大的世界，这就是"大"。从这一立场，人类一切文明的活动与创建，都可说是一种"大"的活动，也可说是一种"美"、一种"艺术"的活动。是以中国人看人生是艺术的人生，人生中最高的表现，也是一种艺术的展现。

美与善到这个境界浑然不分，且从此美与善的相合中领人进入一个更广阔、更深沉的天地，呈现人类最高的情怀。在这情怀中人们沟通了你我，以及一切隔阂，使人在同一情感中，共同享有此生命之大情。中国的事业、学术、艺术的创作即从此情怀开始，然后开花结果，为此下的人们打开一个新的生命道路与生活天地。能如此就是"圣"，圣有通人之谓。

因之，中国有所谓圣人。孔子是"至圣"，孟子是"亚圣"，伯夷、叔齐、伊尹、柳下惠也是圣。太史公司马迁是"史圣"，王羲之是"书圣"，还有杜甫是"诗圣"……

他们都是为此下的中国开通出新的生命的道路、新的生活的天地，不论中国人历经多少风浪、沧桑，都会代代延续下去。而能达于此作用功能的即是"神"。"神"有妙不可言的意思，所以说"圣而不可知之之谓神"。 或也可说庄子学说与精神在这"神"上有其独特的体验与发挥。

从《逍遥游》，大鹏鸟一飞冲天，到"一天寿""泯物我""上与造物者游，而下与外死生、无终始者为友"。这种突破时间、突破空间，达乎天地一体，万物浑然为一的状态即是"神"的最高表现。

后世承继了这一观点，用另一个词汇表达了这层意思，成为此下中国人一切活动，包括艺术与美学上的最高精神。这就是《中庸》所说的"中和"二字。

《中庸》说：

> 天命之谓性，率性之谓道，修道之谓教……。喜怒哀乐之

未发，谓之中；发而皆中节，谓之和。中也者，天下之大本也；和也者，天下之达道也。致中和，天地位焉，万物育焉。

可见喜怒哀乐是情，是天命之性，是与生俱来含藏于人心中者。循此天命之性，即是生存之道。达此喜怒哀乐之和即是节，是修道，是教。而修道的最高境界即是透过人的努力，以人特有的心灵活动，使天下各得其性情之中，求得天地万物内在最深沉的和谐与均衡。如此整个宇宙也将各安在其适当的位置上，依其原有的秩序运行不已。而天地万物也就能在此和谐、均衡的宇宙秩序中生生不息。

中国的艺术与美感本此而下，开出"气韵生动"四字，引领中国艺术与美学进入一个独特而繁盛的世界。

## "书圣"王羲之

艺术离不开形象，离不开具体的造型。而且造型必有其限制。在中国艺术的领域里，能突破造型限制，而又不离开形象的美感，矫若游龙、变化万端，仅仅以最简单的线条，表达最丰富复杂的情趣，并带人进入"气韵生动"的最高境界者，莫过于书法。书法是以中国文字为表现对象，以毛笔为表现工具的一种线条造型艺术，且为中国所特有，确实可称得上是人类世界独一无二的艺术。

从商代的甲骨文已可看到精美多类而整齐的刻字要求。西周青铜器铭文更是绚丽多姿，书法美的各种基本范畴已充分展露。

秦统一中国，推行"书同文"的政策。秦系统的文字，书体结构方正舒展，转折处化圆为方，神态古朴平实，遂成为中国书体的正宗。

两汉篆书开始逐渐失去实用价值，成为一种装饰，代之而起的是隶书。隶书成熟于东汉，连民间也大量涌现出许多不知名的书法家，作品蔚然大观。

三国、魏晋南北朝是隶书走向楷书的过渡时期。在这一时期，杰出的书法家开风气之先，促进了新书体的成熟。其中最著名的莫过于王羲之。

王羲之，东晋人，字逸少，官至右将军、会稽内史，故也称"王右军"。他早年从晋代书法家卫夫人（卫铄）学书，而后广泛地学习钟繇、张芝等名家的优秀作品，把平生博览所得秦汉篆隶各种不同书体的笔法妙用，悉数融入真行草体中去，于是形成他那个时代的最佳体势。而后推陈出新，继往开来，把古朴平实的书体，变为妍美流便的今体，对后世楷书、行书、草书产生了创造性的贡献，为中国书法史上一位划时代的人物。中国人称他为"书圣"，感谢他在书法艺术上为中国开辟了一个新时代。

魏晋南北朝是中国历史上一个极其特别的时代。就政治而言，可说是中国的一个黑暗时代。这一时期社会人心彷徨，思想动荡不安。人们不论贵贱，面对的是个人无限的欲望和令人恐惧的死亡。也就是在这扰攘紊乱中，有些人重新反省，依据人们面对生命而来的内在最深沉的情感，也即人的性情，对学术以至艺术有了新的开展，使中国文化在此黑暗时刻种下新的希望。

今天我们可从当时留下的各种著作——哲学、文学、文学批评、美学、绘画、书法等看到那时辉煌的成就。

王羲之的书法可以说是此文化活动中最大、最具开创者。他不仅开创此后中国书法、文字的新世界，更在打破以往各种文字的工整性中，掌握到一切文字线条内在共通的必然性，即来自宇宙与人内在共有的均衡与和谐的秩序。

他的字，前人说体势纵横、神采飞扬，有龙跃天门、飘若浮云之姿。今天我们看来，确实在他左倾、右侧、上飞、下跃的各种变化中，万变不离其"中"。此"中"永远不动。就好像看高明的拳师打醉拳、太极拳，不论如何左移、右挪、东倒、西歪，其中心点永远屹立不摇，纹丝不动。因而形成一种循环不已、连绵不绝的回旋，一种变化中的均衡与和谐。

诚如老子所言，宇宙大道，表面上虽是万物并作，芸芸总总，然后必各归其根，返其本源。这归根返本的运动是一种静，也是一种常，也就是道的永恒运动。质言之，整个宇宙的变化是动中有静，静中有动。这是常动，也是常静。不论常动与常静，反复变化，不离其宗，这也是宇宙以至天地万物之常形。

中国艺术透过线条掌握此宇宙之常形。王羲之更借其新的字体，将此宇宙之常形凝聚在他的书法上。为中国文字以至一切艺术提供了一种既具体又抽象的新的审美造型，使中国后世的"书画同源"，或"援书法于绘画"的美学理论建立了一个坚实的基础。

王羲之书法以《兰亭序》最具代表，世人称为"天下第一行书"。全文共二十八行，三百二十四字。书法骨格清秀，点画遒劲优美，行

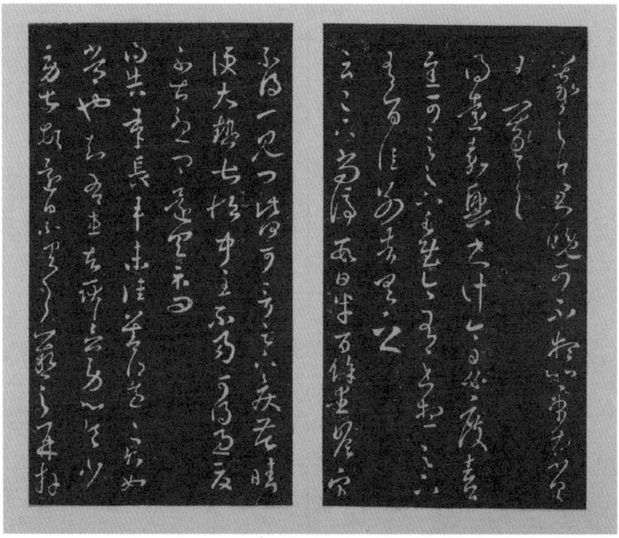

晋　王羲之作品
（台北故宫博物院藏）

晋　王羲之《佛教遗经》
（台北故宫博物院藏）

王羲之的书法将中国文字从实用性提升到艺术上，
呈现中国艺术的线条之美。

气流畅。只可惜真本今已失传,在传世的各种临摹本中,以钤有唐中宗"神龙"小印的摹本,相传是唐朝书法家冯承素的摹本,神采飞逸,生动自然,最接近真迹。

而我们从那潇洒、飘逸、清爽的字里行间,综观全文。看他从"永和九年,岁在癸丑,暮春之初,会于会稽山阴之兰亭,修禊事也"说明作此文的缘始。然后交代人物、地理环境,逐步顺着清新、亮丽的音节滑入,并道出"虽无丝竹管弦之盛,一觞一咏,亦足以畅叙幽情"。

东汉末年以来,中国人逐渐意识到死亡。在没有更深远的宗教信仰下,死亡成了永恒的灭绝。这种忧惧与焦虑,观之《古诗十九首》,可以有相当的了解。而此死亡的忧惧与焦虑到了魏晋时期更甚。人们遂服食丹药,求长生,求成仙,或放浪形骸,纵情声色。

而王羲之从"仰观俯察"面对自然所兴起的生命情意里,肯定了生命之大乐,否定当时流行的各种生死论,且从这生命的情意中了解这乃是人心、人情之大本处。由是跨越了时代,联系了历史,衔接了未来,而这也是中国诗歌、文学,乃至艺术的本源。所以他说:"后之视今,亦犹今之视昔。悲夫!故列叙时人,录其所述。虽世殊事异,所以兴怀,其致一也。后之览者,亦将有感于斯文。"

设若再观二十五史《晋书·王羲之传》,见其为人。从他年少,在家中东床上袒腹而食,不闻郗太尉派其门生来挑选女婿事。及长不肯轻就官事,待至无法推辞而任右军将军、会稽内史时,致力协调殷浩和桓温之不和,以求国家之安全,内外之团结。

《论语》中孔子以仁说君子。用今天的话说,仁可说是有高度自觉,肯面对自身以及生命本质者。此高度自觉乃来自对生命的热爱,对人的同情，是以樊迟问"仁"，孔子答之以"爱人"。

　　一个有爱心，肯面对自身及生命本质者，即是仁者，亦是君子，其内心自然充满来自对宇宙生命所体会的均衡与和谐。从此和谐与均衡中，他将重新开创自己的生命、自己的心灵，以至他所从事的事业、学术或艺术，进而建立新形式、新风格，以为后世注入新的可能和新的机会。

　　中国靠着这些人物，走过漫长的历史，民族的天地因是而大，民族的生命因是而长。以此再证之，羲之确实不谬。

　　民国史学大师兼思想家钱宾四先生说："中国艺术上只有伟大的艺术家，他的作品虽因时代动乱而丧失，也不足以损害他的伟大成就。因为中国文化重人，唯有伟大、高朗的品格，才有伟大、高朗的作品。作品是因人而生，人无须待作品而立。伟大的作品乃是伟大人格与生命凝练而成。"

时代器物之美

美

# 初民生命的跃动
## ——彩陶混沌之美

> 一如彩陶所采用的黑白红及陶器本身,既简单又鲜明,在各种线的变化、对比中,充分表现了线的神韵与内在的精神性,而这也成为中国艺术的共同精神。

## 农耕社会的初奏

彩陶的出现,说明中国已进入农耕的时代。通过农业的耕作,人们日日夜夜与泥土相亲,了解了泥土的性质。通过火,将泥土锻炼成经久耐用的器皿。

半坡遗址的发现,似乎也说明中国人已经自泛灵的自然崇拜,进入了图腾的信仰时代。

所谓图腾信仰,是人们已开始意识到人类生命的诞生,似乎是宇宙自然中一个神奇的表现,人们开始在寻找这生命的来源。

## 对自然模拟的开端

从原始朴素的观察里，人们惊奇地发现人与自然界万物不同。而后自觉或不自觉地将周遭构成自然的事物加以拍打、涂抹，或通过陶器的造型及写实的图案，加以记录下来。

我们可以从半坡的彩陶上，看到人们拍打、刻画的痕迹，也可以看到将花叶的形状真实、直接地描绘在碗钵上。同时有如纺锤般垂直如椎的瓶子，以便于汲水，也有模仿具有丰富变化的葫芦而成的瓶子，以满足当时人们单纯的审美趣味。

不过，这一切还都是为了实用的需要而做。在技术越来越熟练的前提下，碗底绘上浮游的鱼、跑着的小鹿，还有人与鱼化合成一体的面像图案。他们似乎在诉说着鱼丰富的肉质是人生命的来源，是人神秘力量的起点。人们充满感谢，也充满了期待，期待着丰收，也期待着神奇的力量。

随着时代的进步，人们的意识更形开展。一个披着花袍子的人像瓶出现了，这似乎意味着人的觉醒。更有五个人一组、手拉着手，跳着舞的人物群像的钵出现了。这更明确地说明人的社会性，社会组织已明显发展，人们已有了群体的庆典活动。

只是，这些人物是男还是女？有人说是女的，因为脑后有辫子；有人说是男的，因为前身似乎有着如今日还存在的印尼原始土著男性生殖器上套着一根长大的管子，一则以保护这生命的根源，一则以示男性生殖的力量。我采取后者的说法。因为这或可用来解说人类逐渐从母系社会，跨入父系社会，在信仰崇拜上进入祖先崇拜的阶段。

### 生命源泉——太阳的崇拜

在祖先崇拜中，人们一则确定了人直接来自人的这一观点，同时更进而有能力意识到宇宙、万物，以至觉察人类似乎有个更大共同的生命源泉——太阳。

太阳崇拜几乎是全世界原始社会、原始部落共有的宗教行为。同时似乎也是人类一切神话的核心话题。

原始人用着朴素的直觉，感到温煦、热烈、光亮的太阳是生命的本源。他们看着太阳的上升与降落，也看着月亮、星辰随着太阳的出没而运转。风雨雷电，变化的四季，以及滚滚而来的浪潮似乎也围绕整个太阳循环。

太阳是一切的核心，是一切能量的来源。宇宙万象随太阳依着秩序，展现出如人一般的生命节奏。

人从自身的心跳，左右手的摆动，以及走路时手脚呈均衡交错的运动中，意识到生命的节奏和韵律，而这是生命有机的具体呈现。太阳在宇宙的天体中，似乎带着万物做同样的旋转，呈现出更大的生命律动。人的生命律动似乎是其中的一小部分。于是人与自然合一，相互渗透，进入宇宙永恒的秩序中去。

马家窑的彩陶，正展示出这惊人的律动。似乎当时的人们透过观察，再经原始的思维，对宇宙万象和生命律动做抽象的掌握。人们从物理现象，从生理视觉的感受到心理的反应，表现出当时人们高度的审美情趣。

## 陶器——涵容生命的另一个完体

每个陶器似乎已不再是单一的个体，而是人们把这神奇跃动的宇宙之能动力聚拢，化成图案，创造了视觉上另一真切的生命完体。

马家窑每一个陶器所展现的都是天空璀璨的图像，当中更滚动着宇宙神奇的力量。他们是鲜活的，是有生命的，是如太阳般无限而永恒的。

几乎每一个碗的图案都是向内旋转以到无穷的地步，似乎他们想要在这有限的空间中发现蕴藏着的无限深邃的可能。

每一个瓶、壶、罐、瓮都展现出这样的活力。这活力的中心点，都以象征太阳的符号如圆心点、十字或"卍"字作为中心。有人说，这些其实也是鸟纹的变形。圆点是鸟的眼睛，波纹是鸟的羽毛。其实这也是对的。因原始人抽象思维的特征即是把各种类同的事混合成为一体。

## 以圆口为中心，花纹向外扩散

那时的人常以鸟会飞，而以之代表太阳的化身。鸟成为太阳具象的形符，而后再变化成云纹、雷纹。由圆的化作方的，再转折成为三角形。

整个壶、瓮的造型，也当从上往下看，因当时人们席地而坐。人们视觉的习惯由上往下。因此壶、瓮当以圆口为中心，而后所有的花纹都如太阳的光、热、能，向外辐射、扩散。

当人们看着这具有深切含义的象征符号，一如今天人们看着具

黑彩波浪纹红陶壶　马家窑类型
公元前 3000 — 前 2000 年前

当时人们将生命律动与自然力量都
抽象化为波浪纹，呈现于陶器上。

有象征意义的事物如国旗等同样会激起人们内心的热情和强烈的心理反应。人们在这里感受太阳的热力带出生命的热情，掌握宇宙的律动，将此一切化作人们创作的能力。

## 简单鲜明对比的美感

我们可以看出所有马家窑以后的彩陶，如半山型彩陶、马厂型彩陶，不论画的是鱼网纹、锯齿纹、大涡旋纹或人（蛙）纹、蚌蛤纹，无一不是以瓶口为中心向外扩散、辐射的基本图式。这是太阳崇拜的基本原型，是太阳运行，四季循环，人类命运相互对应，得到整合的统一表现。

再从彩陶直立、侧边的切面看去，则看到具有连续、重复、朴素规律化的图案。这是原始艺术的共同特色，也说明原始人的直观、朴素的原始思维，尝试用简单，甚至公式化的方式去呈现宇宙、自然中的规律，展现变化中的稳定性，并达到整体设计及装饰的效果，以求生活中艺术、美感的满足。一如彩陶所采用的黑白红及陶器本身，既简单又鲜明，在各种线的变化、对比中，充分表现了线的神韵与内在的精神性，而这也成为中国艺术的共同精神。

# 美丽与温情
## ——谈中国玉器的美与德

> 他们用之以礼天，表达心中最高的敬意。他们用之以礼地，表达对大地的感激。还有风雨山川及各种人事的活动——和平或战争、出使或回国述职、赏赐或定情，莫不以玉来传达最真实的信息。

在中国艺术中，彩陶线条的纹饰，以及玉器的造型与质感，都能清楚地表现中华民族特有的审美情趣与美感经验。

中国和其他民族一样，从远古发展到今天，从原始进入文明。同样是自旧石器时代，经过中石器，跨入新石器时代。

在新石器时代，人们开始有能力分辨石质、选择石材，根据需要制作工具，以达到生产和生活的目的。就在这石材的分辨与选择中，也在技术的逐渐熟练下，中国在自身特有的地理环境中，发现了美丽的彩石——玉。

### 天地彩虹的凝结，宇宙神灵的精髓

根据考古资料，旧石器时代是没有石器的。在新石器时代，我们才能看到质地细腻而又坚硬的石斧、玉斧、石铲、玉铲。

那些色彩鲜丽的玉石，想来是立刻吸引了原始人的注意，他们很可能认为那是天地彩虹的凝结，或是宇宙神灵的精髓。于是他们用之作为配饰，以满足视觉上美感的需要。在六七千年前，东北红山文化的考古发掘中，我们看到民族配饰的玉龙、玉手臂环、玉勾形器、玉蝉及玉玲。那淡绿温柔的岫岩玉，装点了他们的生活，带来了新的喜悦。

而玉石平滑细腻的质感，同样也满足了原始人触觉上的美感。我们看到，在大汶口文化、二里头文化中用玉做成的玉戈、玉铲、玉刀，并没有使用过的痕迹。从陪葬的位置，可以看出是墓主人生前的珍宝，可见，那时玉已经脱离了实用而进入美的艺术领域了。

更何况玉本身因石质的不同，不仅有着色泽上的变化，几乎没有两块玉是相同的，这更满足了人们心灵渴望变化的艺术要求。

### 由实用到艺术审美的要求

我们从江淮地区良渚文化遗址中发现大量出土的玉镯、玉环、玉瑗、玉坠、玉珠等玉器，知道玉已深入中国人的生活，甚至更进入了中国人的心灵深处。大量玉琮、玉璧的出现，使我们看到透过精巧

新石器时代晚期　玉铲
约7000年前 （台北故宫博物院藏）

红山文化晚期　鸟形玉佩
约6000年前 （台北故宫博物院藏）

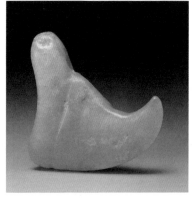

新石器时代 红山文化 玉勾形佩
约6000年前 （台北故宫博物院藏）

的技术，所刻画出来的宗教性的图纹——圆突双眼的神兽图腾，上面常常还顶着一个头戴羽毛冠冕的神像。

在良渚文化各式各样的玉器中，甚至包括镶嵌在一些器物上的把手，都可以看到良渚的原始人全心全力地切着、琢着、磋着、磨着，似乎希望将人类心中最美丽又深沉的构想，透过这色彩鲜丽多变、质地细腻滑润的玉石展现出来。

良渚文化玉器造型的优雅，边线切割打磨的精巧、细致、悠远、准确，不仅有着他们自身鲜明的艺术风格，同样也充分表现出中国人特有的审美情味。

玉已是中国艺术中一块璀璨的无可替代的瑰宝。

良渚文化早中期　镂空神灵动物面纹玉饰
约 5000 年前（台北故宫博物院藏）

良渚文化中期　玉琮
（台北故宫博物院藏）

## 玉是人格的代表与敬天尊地的象征

夏商周是中国玉器的成熟期。此时玉已进一步成为祭器、礼器，从出土的各式各样的玉器中，可看到当时人们对玉器的狂热喜爱。

他们用之以礼天，表达心中最高的敬意。他们用之以礼地，表达对大地的感激。还有风雨山川及各种人事的活动——和平或战争、出使或回国述职、赏赐或定情，莫不以玉来传达最真实的信息。

人们不论生前还是死后，都佩玉。生前提醒自己是个君子，死后期待这天地间的精华，发挥灵力保护死者的灵魂与肉体。

古人说，玉有五德或九德。我们归纳可得下列几点：

（1）温润而泽：这不仅说明质感，也说明它所象征的人类温柔敦厚的情感。

（2）缜密而栗：表明人当像玉虽温柔敦厚，但意志坚定，能使人尊敬（注：栗为坚刚之意）。

（3）廉而不刿：在意志坚定中，又不至于伤人（注：指廉洁、有棱边而不致使人割伤）。

（4）瑕不掩瑜，瑜不掩瑕：心中坦荡，无所掩饰。

（5）孚尹旁达：孚尹（注：指玉的色彩晶莹）是信实不虚，旁达是相互通达。

中国人好玉，在后期赋予玉人格性的赞美，最后这点应是非常重要而直接的原因。而这也是玉的特质。

凡是佩戴过玉的人，或都有这样一个经验：玉会随佩戴者而有不同的变化。质地或清或浊，色泽或明或暗。尤其是入过土的古玉，更会有鲜明强烈的变化与反应。这好像人与人交朋友，有知己，可相互感通、倾诉、安慰。这是人渴望的世间情谊。是以孔子说"君子比德于玉"。

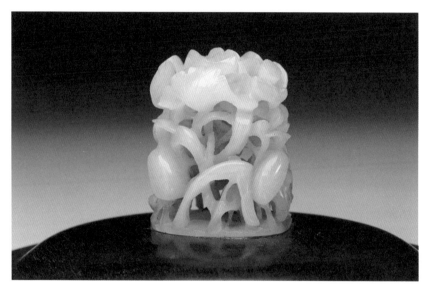

元　汀渚鹭鸶纹玉顶
（台北故宫博物院藏）

此下中国人审省一切人、事、物，美与不美，皆以玉为质感的标准。就如我们的漆器如玉，木器如玉，特别是瓷器，更是化土为玉的杰作和努力。

中国人的艺术，流利多变的线条展现了宇宙中的精神，以玉呈现了人们心中最深切的可经验也可触摸的美丽与温情。

# 宇宙的建构
## ——中国青铜器

青铜器仍与玉器、彩陶一样，是深具中国民族风格的
艺术品。当然，它也是世界文明、艺术史上灿烂的明珠。

早在仰韶文化时期，中国人似乎就已提炼出铜，以作为某种器
具使用。而马家窑文化遗址更出土了一把以"范"铸造的铜刀（注：
范，又称铸型，是铸造时容纳金属溶液的容器）。不过要到二里头文
化时期，即夏商时期，中国才随着出土的有如剪水燕身姿的乳钉纹爵，
正式进入青铜时代。

### 青铜器呈现商朝人对宇宙建构的理解

商朝是中国青铜器成熟的时期。这不只是因为青铜器大量制造、
技术不断创新，而且也是青铜器表现了特有的艺术造型，呈现出中国

远古艺术上从未产生过的造型使然。

商朝青铜器的造型特质，不仅在其主纹与地纹间粗细、大小、主从均匀，适当配合，更在其造型、结构的完整与挺立。基本上我们可以说，商朝青铜器是商朝人对宇宙理解的呈现。

商朝继承了自原始以来萨满教的信仰。所不同的是，随着社会的演进，由多神、泛灵的原始信仰，进入以上帝为中心，宇宙分上下，以及由各层面而组合的有秩序的宇宙世界。这个无限而广大的宇宙，则由一株由上到下的天地树——神木所支撑。

我们今天可以看到所有青铜器，不论隐或显、圆或扁、整齐的形体或左畸右斜的变形。其中心，由上到下，都有一根可见或不可见的垂直线，稳稳地由天插入地中，呈现了所有青铜器稳定的不变性。

而后随着造型，由顶盖，经器身，到底座，平均分成几等份，或是由整体的各部分做比例，与比重的适当分配，或是用刻纹作为划分，使器物因这些划分，展现如西方黄金比例的优美均衡性，甚至也呈现出器物自身特有的节奏感，使器物各部分都能相互呼应，在既分割又呼应的表现下，使这稳定、庄重的青铜器也能呈现活泼、生动的变化性。


## 珍奇异兽表现宇宙生命的力量

青铜器在商朝就已经种类繁多，除有大量饮酒器如爵、觚、壶、杯等外，还有大量的烹煮器、盛食器。此外还有以各种珍奇异兽，如象、犀牛、鸮鸟等为造型所制作的樽。这些器物不仅造型奇特，同时也表现出宇宙生命中的力量。一如各种青铜器的器身上所铸造的饕餮纹以及配合在底层下的风云雷地纹，它们都是这天地宇宙的代表，是商朝用之以号召天地万物，协助他们沟通上帝的助力与工具。所以，每件青铜器，基本上都是这天地宇宙的象征，也具体而微地去呈现宇宙力量的神物。

商后期 蟠龙纹盘
（台北故宫博物院藏）

商后期 亚丑父丙爵
（台北故宫博物院藏）

商后期 亚丑方尊彝
（台北故宫博物院藏）

　　西周继承了商朝的宇宙观，青铜器也展现了这种严整、稳定、对称、均衡的宇宙建构。但是他们取消了展现意志力的上帝，而以一个可为人看到、感受到的"天"作为宇宙的最高代表。这代表更可落实在人的行为能力与精神自觉上，即周文王的敬与德、保民、爱民的表现。

　　我们可以说西周是中国人性自觉的初萌时期，展现在西周青铜器上的纹饰变得婉转、温和、生动流畅，也自然消除了那股凛然不可侵犯的肃杀气质与紧张性，代之而起的是一种庄重、安宁的善意。同时，青铜器也不再是宗教上的祭器，而是人类自我努力的历史见证。（青铜器上铸造文字，记录历史事件，即从西周始。）

西周早期　凤纹方座簋　（台北故宫博物院藏）

西周早期　康侯方鼎　（台北故宫博物院藏）

西周早期　蟠龙兽面纹盉　（台北故宫博物院藏）

从夏朝经商朝到西周，中国的青铜器，由草创到成熟，将中国对宇宙、自然的信仰，以及人类自我的认识，全部记录在这永恒的宇宙建构中。同时也提供给后世中国人一个既稳定又活泼，既沉重又轻灵的艺术造型，以及展现中国特有的严整、均衡、稳重、大方的艺术结构。

# 人间至情
## ——姿态灵动的秦汉陶俑

我们从出土的秦兵马俑上，不仅看到军容壮盛、军威严阵肃杀，似乎随时在一声号令下，就可跃起冲杀的秦始皇卫队，也可从个别的兵马俑中，看见精细而写实的刻画。

秦汉时期是中国历史上的伟大时代。秦结束了春秋战国以来的纷争，统一天下，使中国原本分散的力量重新凝聚。可惜因政策、施政上的问题，统一不久就崩溃了。

秦王朝虽灭，但由秦所带出的以法家为主的实证学，影响到艺术、美学走向写实，为中国在艺术、美学、文化上开出了新的风貌。

今天我们从出土的秦兵马俑上，不仅看到军容壮盛、军威严阵肃杀，似乎随时在一声号令下，就可跃起冲杀的秦始皇卫队，也可从个别的兵马俑中，看见精细而写实的刻画。

## 秦俑表现出内心世界的生命活动

在朴实、毫无夸张的写实手法下，我们可以看到秦俑不同年龄、不同阶级、不同职务以及其拥有的不同阅历，甚至也可看出他们内在的性情。这个脾气刚猛、暴躁；这个精明能干，而且有丰富的人生阅历；这个面带嘲讽，但不失幽默与滑稽。

在军种上，有的是步兵，一脸刚毅、坚决，甚至残酷的表情，因为他们是战争中从事最后肉搏、决定胜负的关键；有的是弓箭手，一脸敏锐而凝视专注的神情。在阶级上有的是将军，他们沉稳、严肃、练达，有着指挥若定的轩昂器宇；有的又似乎是刚入部队，不知天高地厚、无忧无虑的青年。

这种生命性的情味与心理的刻画，虽透过写实的手法，但已不是实际状况的单纯模拟与再现，而是已深入人类的内心世界，展现属于人所特有的生命活动。

从这里我们可以看到，在春秋战国人性觉醒的前提下，虽经法家实证学、现实主义的影响，但这份人性的光辉，并未泯灭。

汉朝在这一基础上，不仅是一个伟大的时代，也是一个英雄的时代，更是一个开创性的时代。

秦俑（局部）

有表情的秦俑

秦　跪射俑

中国的雕塑不以肌肉展现为主，
而以人的神态为主。

## 汉俑姿态生动灵现，更表现人间至情

汉朝在艺术、美学、哲学、文化上都有整体性的全面发展。

汉朝的艺术风格基本上继承了秦朝的写实，虽不离开实际的生活经验，却从严谨、朴实、写实的风格中解放出去。

西汉陶俑的身躯，不再平直僵硬，他们的姿态开始有更生动的语言与表情。这或可说是法家政策与纯粹军事立国中的解放。同时，也是对人有了更深刻的了解与同情。尤其刘邦以一介平民称帝，人们的眼睛与心灵似乎也从贵族转移到广大平民。一般日常生活，远至神话传说、天文历象，近至耕田、渔猎、庆典、娱乐或贩夫走卒，都成为艺术家创作的对象，尤其是陶塑人物，更表现出一种人间至情。

汉人陶俑的脸，都是些普通人的脸，呈现出平凡和单纯。

汉人放弃了秦俑脸部的精细刻画，但似乎已能归纳出中国人特有的脸部造型与特征，特别是一些极其精妙细微的部分。

例如，中国人的眼睛大体说来是单眼皮（相对于西方人的凹眼大双眼皮而言），或说是丹凤眼，有的眼角较斜，有的眼角较平，有的向上，有的向下。有了稍许的差异，人的脸部表情就有变化。还有中国人的嘴角，尤其是年轻女性，微翘、微凹的轻轻一痕，就带出中国女性特有的温婉、含蓄和秀气。

### 汉朝女俑表现贞静、谦退的女性细致之美

汉朝的女俑不论坐或站，艺匠们都将她们的背拉长，好像欧洲十九世纪浪漫主义后期的古典大画家安格尔所画的《土耳其浴室》，这画最吸引人的地方即在那背坐裸身浴女修长柔滑的背部。虽然这并不合乎生理结构，但透过艺术的变形与夸张，反而更真实地呈现出女性特有的美丽，而达到艺术的效果。

汉朝女俑，不论端坐、微倾着身体还是直立，衣着都有三角形的裙摆，无一不呈现女性特有的贞静。

贞静、深邃、温柔、恬淡、谦退，是汉代标榜的女性美。这并非男性沙文主义的抬头，而是汉人对宇宙的看法使然，他们认为宇宙的构成是阴阳两股力量相激相荡而成，缺一不可。

阳是刚健、开创、变化的力量，阴是静定、凝聚与完成。所以，汉人在男性、马、铜雕、画像砖石上，所呈现的都是刚健、勇猛、变化无端的力道。在这动荡发扬的力量中，女性展现出的那份静定、凝聚与完成，则是在这宇宙不息的运动中，柔化、包容而形成具体事物的力量。

汉俑中女性沉静的坐姿，或舞俑婀娜的舞姿，无一不展现这份宇宙构成中最委婉、安定的凝聚力量。而非现代人所说，只表现奴仆的恬淡、谦退，以维持自身起码的尊严的社会功能而已。

汉俑写实，也走向简化，写实与简化，巧妙地运用在汉人艺匠的创作中。

　　汉人极善于捕捉人身肢体变化中微妙的心理动向与情意，在肢体的动、静中，也呈现出了生命的张力。

西汉　陶侍立俑 ——————————　西汉　女坐俑 ——————
汉代人的自我内敛性成为艺术
审美的重要元素。

### 东汉陶俑技术熟练，表情更丰富

东汉的陶俑作品更具有人间性，这又比西汉更跨进了一步。因此，东汉陶俑的表情丰富，甚至有些夸张。这也代表东汉艺匠技术的进步与对土质材料的更加熟稔。

观察东汉的说唱俑，我们可以透过那相当夸大的动作与形态，更清楚地看见他们面部的表情。从说唱者的整体状况以及当时整体情感热烈的彰显，从说唱者手之、舞之、足之、蹈之的动作，表现其自身的完全融入，同时也将观赏者带入那热烈的情绪里。

尤其坐着的说唱俑，翘起的那只富于表情的脚，呈现人体肉质的感觉，表现出人的亲和力与人间性。还有那臃腆的腹部与垂下的乳房，似乎含藏了丰富的人生阅历。在人情世故了透于心以后，仍充满了同情、爱与欢笑。如后世的济公。

汉代的石刻，也是在简化的图像与粗率的刀法中，直接表现人间至情。

从汉人的陶俑与石刻，我们可以看到汉人艺匠的作品，保留了古人的朴质，但从秦的写实走向写情，汉人作品中最大的特征就在这"情"字。只是这"情"是深沉、博大与真诚炽热的。读汉人的作品就当认识这"情"字。

# 花样的年华·丰美的生命
## ——唐三彩

唐三彩是中国陶瓷史，也是艺术史、美术史上的奇葩，早年因为它们是陪葬的明器，几乎不见于任何文字记载。直到清末兴建开封至洛阳的汴洛铁路，破坏无数古坟，唐三彩才随唐墓出土，有如出水芙蓉般，出现在人们眼前。

据说世上有一个国度，是以黄金铺地，以金银珠宝装饰各种栏杆、树木，又用金银、玛瑙、琉璃、赤珠、玻璃等七种宝物砌成水池，池里充满澄洁、甘美、清凉的功德水。水底则铺满柔细的金沙。池里的莲花大如车轮，泛着青、黄、赤、白的颜色。池边、天上还飞着各色各样艳丽的鸟，依时用着清亮曼妙的声音，演唱着佛说的妙法。

这是佛教净土宗《阿弥陀经》说的西方极乐世界的景象，为千古以来的人们所向往。

## 唐三彩绚丽的色彩，表现唐朝人浪漫炽热的情怀

唐朝，中国历史上一个近乎无可跨越的高峰，似乎是依着《阿弥陀经》上西方极乐世界去建造的国家。以致举凡政治、军事、外交、经济、科学、哲学、宗教、艺术、学术无一不蓬勃发展。而诗歌、绘画、舞蹈、音乐、雕塑、陶瓷、建筑，无一不精美绝伦。

唐朝有如盛开的牡丹或芙蓉，展现在春日丽空的艳阳下，绚烂多彩，美丽非凡。

唐 三彩人马俑 （台北故宫博物院藏） 唐 三彩马球侍女俑（台北故宫博物院藏）

这有如花般美丽的时代，美，似乎可代表整个唐朝及其人们追求的理想。

就如马的雕塑，在唐朝不仅有着秦马内力含蓄充沛的能量，也兼具汉马龇牙咧嘴，随时可奔腾跃起的动势。只是唐朝马不再具有那股原始野蛮的气息，代之而起的是一种成熟、优雅、雍容的美丽。它不只是天上奔驰的神龙，也是含蓄、包容和静定的大地。唐马，尤其是唐三彩中的马将这份饱满、凝练的美做了完整的陈述，使得从秦汉以来的战马，转向为丰美人生的写照与美的符号。

唐三彩则是中国陶瓷史，也是艺术史、美术史上的奇葩。早年因为它们只是陪葬的明器，几乎不见于任何文字记载。直到清末兴建开封至洛阳的汴洛铁路，破坏无数古坟，唐三彩才随唐墓出土，有如出水芙蓉般，呈现在人们眼前。

它绚丽多彩的颜色，自内挥洒出来的线条与斑点，活泼生动的造型，比往日更具有写实的身体与神采，直接充分地表现出唐人浪漫、炽热的情怀和整个大唐时代的精神。

## 唐人以既夸张又写实的手法塑造胡人形象

唐三彩中的武士俑，原本是佛教造像中的天王形象。他肌肉紧张，身穿盔甲，扬眉怒目，脚踏夜叉，在举手投足的动态中，显出勇猛、刚烈、威武的气势。

天王原本是佛教中护法的天神，而今却走进了人间的坟墓，为人类担负起保护灵魂的责任。这在任何时代都没有人敢如此唐突与大

唐　三彩增长天王像（台北故宫博物院藏）

胆。此外，胡人牵马俑、胡人骑马俑、非洲黑人俑以及担负着货物的骆驼，更表达出中国与世界各民族的往来。当时的长安有如在地球的中心，一如太阳的十二道光芒奔向东南西北各地，带动着全世界，也吸收、消化、融溶世界各地的色彩与信息。唐人用既夸张又写实的手法，塑造出胡人的形象——满嘴络腮胡，过分圆大的眼睛，还有那直愣愣的眼神，其间似乎透出幽默与俏皮，表现出这些胡人奔跑来往于世界各地，见多识广之余，对人世间各种现象所给予的体谅和趣味的赋予。这里我们甚至还可说，代表着不同民族相互融溶、合作的表情。其间没有痛苦、挣扎、憎恨的痕迹。

　　唐三彩中，似乎也少有如汉代那样百物具备的明器陪葬，诸如

陶猪、陶羊、陶鸡、陶鸭、猪圈、羊圈或谷仓陶艺等器物，不过倒是
有许多色彩鲜丽、变化万端、造型饱满或如花般的壶、罐、钵、盘，
以及狮、鸟、骆驼、马等大型动物。

唐人对色彩的掌握、烧窑、温度的控制似乎出神入化。他们手
上有如拿着一根彩色的魔棒，可以任意挥洒而自然成章。其间最精彩、
最具体表达出唐人对人的肯定，对世间的肯定，对美好生活的肯定以
及对美的追求与向往的，莫过于乐舞俑和女俑了。

## 乐舞俑直接呈现唐人的美好生活

乐舞俑是直接呈现唐人美好生活的作品，也是唐俑中最为活泼
生动的一群。艺匠们善于捕捉舞蹈过程中最美的瞬间并加以表现。

他们用写实的手法，把或急、或缓，或抬头、或低首俯身，各
种灵巧的身段栩栩如生地加以表现。

有时，他们甚至在一只骆驼背上乘载五个或八个小乐舞俑，各
人手执乐器，或唱、或吹、或弹、或舞，使无声的雕塑，转而有着乐
歌和鸣的喧闹，如此再配以明丽多彩的釉色，真是极耳目视听的大乐。
而唐三彩中，最为人熟知的该是各种各样体态丰腴、面颊娇美、温婉
而又柔媚横生的女俑了。

唐朝初期的女俑，尚继承六朝以至隋的纤细、婉约。到了开元、
天宝以后，丰腴、柔媚又雍容、典丽、优雅的形象，几乎成为美的具
体象征。

不论是侍女还是贵妇的面部五官都极为娟秀、姿态轻松，柔软而坦荡荡。她们梳着各种发髻，穿着各式彩服，或站、或立，有的甚至骑在马上，无一不是美的化身。

在这里我们看到唐人透过美，全面拥抱着生命，抒发着个人的情感，追求着自身的理想。这和汉人合力探索着"善"，全面展现宇宙中的力量迥异。

汉唐同是盛世，但因人们追求的理想不同，以及身处的时代不同，因之展现出不同的面貌。汉是以人为主的主动力量的建立，唐则在花样的年华中，展现了丰美的人生，为中国开创了无可替代的盛世，也为世界带来一个丰美人生的见证。而唐三彩则是这见证中的见证。

唐　三彩女立俑

# 玉洁冰清
## ——似水柔情的宋瓷

宋人似乎借着宋瓷，将人们带入一个精准的内心世界。他们似乎让我们看到世上有一种美，是将形式减到最少、最低、最单纯的状况，而人们的心灵视野也因此获得无限的扩大，达到冷静纯粹的境界。

冰肌玉骨，自清凉无汗。水殿风来暗香满。绣帘开，一点明月窥人，人未寝，敧枕钗横鬓乱。起来携素手，庭户无声，时见疏星渡河汉。试问夜如何？夜已三更。金波淡，玉绳低转。但屈指西风几时来，又不道流年暗中偷换。

这是名满天下的大文豪苏东坡的《洞仙歌》。

冰清霜洁，昨夜梅花发。甚处玉龙三弄，声摇动、枝头月。梦绝金兽爇，晓寒兰烬灭。要卷珠帘清赏，且莫扫、阶前雪。

这是宋时隐居在杭州西湖小岛上，以梅为妻，养鹤为子，而传名千古的林逋的一首咏梅词。宋朝呈现永恒静定与凝聚的美学，打开宋人的历史，像这样清空灵隽，而又深情款款、超乎尘埃的词意与词境，似乎遍布在宋人创造的世界里。

## 寻求真实的探索与内在的定静

世界是变了，从汉人的英雄有力的创造时代，经轻灵曼妙的魏晋，进入绚烂华丽的唐朝，倏忽间，这一切都不再存在。诚如佛教《金刚经》中所说："一切有为法，如梦幻泡影。如露亦如电，应作如是观。"中国人真的开始沉静下来思考，什么是真实的人生？什么是真实的世界？

大学之道，在明明德，在亲民，在止于至善。知止而后有定；定而后能静；静而后能安；安而后能虑；虑而后能得。物有本末，事有终始，知所先后，则近道矣。

儒家经典《礼记》中的《大学》，也在这样的思考中，重新回到了人间。

人们在寻求"至善"，而至善的起点似乎在人内在的"明德"。于是宋人由外而内，有如西方当代影片《神奇旅程》般地进入人体的内在，震惊于人类内在世界也如此丰盈浩瀚。

从这里，再抬头看周遭，人们发现世界真的不一样了。那原本光灿夺目如太阳般的色彩淡退，代之而起的则是一份如月亮般莹洁的光辉。原本外放跳动的力量消失，呈现的则是永恒的静定与凝聚。

宋人抬起头，微张着眼，深深地张望，并观察着这世界以及身边的一切，希望较之以往更能见到、碰触到周边世界万物内在最真实的一切。

宋朝理学的开山鼻祖周敦颐先生著《太极图》："明天理之根源，究万物之终始。"而邵雍则直接教人"观物当观之以理，而非仅观之以心。"

"心""物"到了宋朝有了进一步的结合。艺术上写实与写意的表现，因而也有了更大的发展。

宋人的文化、艺术似乎不再受到国势衰微的限制，反而昌盛壮大起来。如此而将中国再带入了另一个令后人瞠目结舌的高峰。

宋儒的理学是总括集结从先秦而下两汉，经魏晋隋唐、玄学佛学重新融熔铸造，而又回归到中国以人为本位、以现实生命为出发的哲学思想中。

宋人的艺术则是对这思想、心智以及对宇宙之理的具体掌握。

北宋　定窑　白瓷印花瑞兽纹花式
（台北故宫博物院藏）

北宋　定窑　白瓷瓜棱罐
（台北故宫博物院藏）

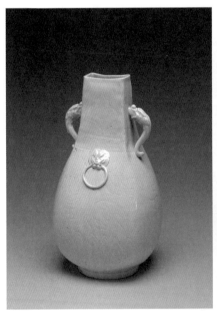

北宋　定窑　白瓷铺首龙耳方壶
（台北故宫博物院藏）

北宋　定窑　白瓷划花莲纹梅瓶
（台北故宫博物院藏）

## 宋瓷将人们带入一个精准的内心世界

就以宋瓷而言，举凡所谓的五大名窑即可为例。北方继承了唐白瓷的定窑，就像洗净铅华，除去华服，将一切人为装饰卸除得干干净净的少妇，一张素净白皙的脸庞，一身素净简单的衣裳，清雅、纤细、亭亭玉立地站在清远幽静的平原上。

而天目的黑釉，竟然透过精确的釉质和纹理，展现夜晚闪烁着星光无极的天空。当我们仔细凝视时，不论是碗或瓶，都使我们似乎坐上宇宙飞船般快速游航在太空中，望着群星在我们身边迅雷不及掩耳地滑过。

吉州窑碗中的剪纸、瓶上黑白的刻花，更将趣味展现在原本欠缺变化的黑褐釉上。

哥窑的冰裂纹不仅为我们带来一丝清凉，也让我们看到没有鲜丽的赋彩，只有一些粗细、深浅交错的裂线，而它们竟然也活脱脱地深入我们的内心世界，与我们贴得好近好近，以至忍不住想伸手轻轻触摸、抚慰，以表达我们内在被挑起的感动。

龙泉青瓷的翠绿有如其名"龙泉"一般，仿佛一泓深不可测的山中青潭，可能真是世上变化莫测的神龙的家乡。龙泉釉有着高度的结晶性和透明性，光照在釉上，会曲折地内转，使一个简单、具体、有限的器物，在这光的变化下，呈现无限的幽深。

钧窑以神秘的海棠红和玫瑰紫，将人们带入梦幻般的世界，面对它们则有如面对千变万化的彩霞。

汝窑以乳白的蔚蓝表现一帘似霰的幽静，一如宋人张炎在他的

《探春慢》词曲中写的："银浦流云，绿房迎晓，一抹墙腰月淡。暖玉生烟，悬冰解冻，碎滴瑶阶如霰。"

除了这些名窑，宋人还有如玉的影青（指南宋在杭州附近所烧的官窑，而后江西景德镇亦有制作），在它纤细、薄巧、晶莹透彻似有似无的釉色中，可以看到，中国人到此时，似乎已将大地、泥土化为冰清玉骨、纤尘不染的世界。

此外，还有流行于民间、表现出宋人市民阶级活泼的生命力的磁州窑，他们将染布上的花绘，涂绘在白瓷瓶上，不仅有黑白强烈的对比，更有生动有力、美术绘画性的生机。而远处陕西的耀州窑，更以其精准的结构，流畅而有力的刻花，表现出深沉博大的精神。

宋　哥窑　灰青系耳三足炉
（台北故宫博物院藏）

北宋　耀州窑　青瓷印花菊花碗
（台北故宫博物院藏）

北宋　汝窑　青瓷盘
（台北故宫博物院藏）

宋人似乎借着宋瓷，将人们带入一个精准的内心世界。他们似乎让我们看到世上有一种美，是将形式减到最少、最低、最单纯的状况，而人们的心灵视野也因此获得无限扩大，达到冷静纯粹的境界。

进而人的情感、人的善意、人深潜于内在的精神能力，同样可转化为美的素质，融入呈现在艺术的创作中。使人内在与外在借着艺术的创作合而为一，达于至善。

宋朝不只在艺术的创作上达到了人类世界的高峰，在科学上同样也达到了世界高峰，这是宋人"格物"的成果，同时也是宋人"知止而后有定"的成果。

宋人的"词"展现了宋人向往、追求与感受到的世界，所谓"锦绣一片，无限江山"，而宋人的"瓷"，则更具体、直接地呈现出那份因内在的凝练而有的玉洁冰清、似水柔情。

灵动的书画之美

卷四

# 灵动的线条·飞跃的生命
## ——魏晋南北朝的书法艺术

中国是世界上最具历史传承性的古老民族与国家，因而文字起源也相当早。根据近代出土的资料，远在殷商时代，中国文字已极具规模。

今天我们根据甲骨文的形态，就可知商朝不同时期的书法风格，而且配合史实可知道时代、文明的兴衰。

西周以铸造在钟鼎器皿上的文字为主要代表，其书法风格也大致可分为早、中、晚三期，各期有它不同的表现手法和审美情趣。春秋战国，王纲解纽，是人性有意识觉醒的时代。书法文字也因而从西周时期的庄严、凝重变得轻逸秀丽，呈现装饰性的艺术风格。

### 东汉人好立碑碣，千姿百态的书法，走向艺术领域

秦始皇统一天下，为了因应新时代的需要，将从西周而来笔画复杂、严整厚重的大篆，改变为用笔圆转、结构匀称、笔势瘦劲、形体典雅舒宽、长方的小篆，并将它推广为当时中国的标准书法。秦的宰相李斯似乎也成为中国书法史上第一位具有代表性的书法家。

汉初继承了秦制，小篆当然即成为官用文书。但是隶书已逐渐流行于民间以及中级官用文书上，甚至一般经籍的抄写、碑刻都用较简便的隶书或从隶书稍加变化而出的草书（后来人们将其称为"章草"）。

汉　《乙瑛碑》（台北故宫博物院藏）

东汉，隶书随时代一跃而上，成为这一时代书法文字的主流。东汉人好立碑碣，隶书更成为碑碣整体设计的一部分。什么样形状的碑碣就有与之搭配的隶体，可谓千姿百态，书法蔚然走向艺术的领域。

在中国历史上，魏晋南北朝，从政治的观点上看，是个黑暗的时代；从社会的角度上看，则是个动荡不安、战火连天的时代。

今天我们从当时著名的隐逸诗人陶渊明《归去来兮辞》的小序中，可以清楚地读到他因战争而不敢远离家乡到外地工作，虽然他的隐逸并非为了躲避战争。

不过当时的人们，不论贵贱，所面对的现实世界，是个失去理想、没有信念的世界，甚至两汉所提倡的儒学与经学，也一变而成为执政者行政的工具。

## 书法随心灵的苏醒而解放，由平稳转入行云流水

于是在此扰攘不安的紊乱中，人们在无路可寻、无可逃避于天地间的情况下，重新思考存在的意义、生命的价值，以及什么是真正的自由？

原本在中国学术思想中，儒家是从正面肯定人性、生命以及存在的价值，甚至要人们在艰苦卓绝中知其不可为而为之地杀出一条血路——所谓杀身成仁，舍生取义。但是，这毕竟不是一条人人可循的大道。

相对于此，庄子、老子则开阔多了。他们将人们带离现实的人

世间，而进入整个辽阔无际的宇宙自然中。

庄子的《逍遥游》里，大鹏鸟一飞冲天，划破了人世的极限，进入无边无际的太空，达到天地一体、万物浑然为一的"神人"境界。神人是庄子的理想人格的展现，是人们将自己的心灵世界与有限的躯体做了最大的开发与拓展的结果，因而人们有能力随应外在世界的变化而逍遥自在。

老子从这变化无端的世界中，归纳出永恒不变的规律。譬如有与无的交相反应，动与静、成与毁、善与恶、美与丑等相反相成的关系。以至在芸芸总总、万物并作的无限发展中，又有归根返始的永恒性。只要我们认识这规律，并掌握这规律，人就能进入这宇宙的长流中，天长地久而生生不断。

《易经》，尤其是《系辞传》，是秦汉之际的学者汇集了先秦各家谈宇宙论的学派，从老庄到阴阳、五行等各家的学说，而后又回归到儒家，以求在这刚健有力、变化无常、刹刹生新的宇宙里求得与时俱进的安身立命的法则。

于是《庄子》《老子》《易经》，在魏晋南北朝时期，成为人们重新思考人性、生命、存在的新起点，因而也成为魏晋南北朝人的新理想、新信念。他们称这三本书，以及书中的内容为"三玄"。有了对"三玄"的体认与了解，就可以不再受困于现实世界与有限的躯体。

虽然有些人还在求仙、炼丹，期待长生不老，但是从整个心灵上来讲，人们已再次获得解放并触及自由的真谛。

人们似乎开始意识到人类最根本的拘束，其实是来自世俗礼法自身的观念和既定的心理反应。放开这些，人们的真实生命就会飞跃而出。于是书法文字随着心灵的苏醒和生命的飞跃，由平稳典雅的隶书，一变为行云流水的行书与草书（后人称这时期的草书为"今草"）。

## 魏晋南北朝时，书法才成熟完成

我们可以说，行书与草书是魏晋南北朝时所有艺术中最大的成就。这是那个时代的中国人从生生不息、万化流行的宇宙中，根据自身生命心灵的觉悟而体现出来的具体表现手法与基本形式。

今天有人说"中国艺术是线的艺术"。从彩陶的绘饰，到部分玉雕、青铜器的刻纹，中国早在极古老的时代，就有这样的偏向。但是，将

晋　王珣《伯远帖》（台北故宫博物院藏）

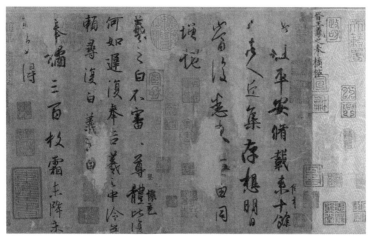

晋　王羲之《平安何如奉橘三帖》（台北故宫博物院藏）

晋　王羲之《远宦帖》（台北故宫博物院藏）

线做了充分的体现，并给予其基本艺术、美学理论，使之成为一切艺术的基本构成元素，则是到了魏晋南北朝书法的成熟才完成。

换句话说，魏晋南北朝的人们，在"三玄"的探讨中，在自身生命的觉醒里，确实体认到宇宙大道中那刚健有力又流动非常、有如线条变化的宇宙真相，因而表现此真相的莫如书法的线条。

线条可自由伸张、流动和飞跃，它有自身独立的生命。它缩减则成点，扩大则成面，拉开则构成形，展现不同的风貌，表达各种不同的性情。它写成书法，则可游走在二度空间与三度空间之间，使原本平铺在平面上的文字，可如太空中洒落的星体，呈现宇宙中最深邃渺远的空际。同时，人们可以透过书法，将自身内在最幽微的情意做淋漓尽致而又最具体的表达，又可以在无象之象、无形之形中，对宇宙万象做最大的写实。

## 王羲之的书法犹如高明的拳师打醉拳

诚如魏晋南北朝，也是中国有史以来最伟大的书法家王羲之的字，在他左倾、右侧、上飞、下跃的各种变化中，始终呈现那均衡、万变不离其中的力道。有如高明的拳师打醉拳、太极拳，不论如何挪移倒闪，其中心永远屹立不倒。

字在他手上呈现了宇宙的常形，线条在他的指挥下，变成与人心、自然相通，具有魔幻灵动和生命的线条。

羲之的字，是集自古以来中国书法文字的大成，因而给后世提供了既抽象又写实，既具体又无形，既变化又规律，既单纯又复杂的美的造型，也使后世艺术上所谓"书画同源"，或"援书法于绘画"的美学理论有了坚实的基础。

魏晋南北朝从政治上讲虽是黑暗的时代，但睿智的中国人却能从中展现智慧，开发出新的世界。中国文化、中华民族，于焉又注入了生生不息的新机运。

# 浑融苍茫·空灵辽阔
## ——文人画

经历唐朝灿烂的文化艺术与佛学洗礼，宋朝山水画一如宋瓷，展现出中国人透彻晶亮的心灵。而兵马倥偬的元代，在高压禁锢的政治体制中，从写实、精准的世界中解放出来，带着王羲之飞舞的笔法入画。到了明朝，画家的笔法更奔放，更不拘物象，并将儒释道三家融入，重现了浑融的生命力与创造力。

空山不见人，但闻人语响。
返景入深林，复照青苔上。

这是唐朝诗佛王维的一首诗。王维在画论《山水诀》中说："夫画道之中，水墨最为上，肇自然之性，成造化之功。"

　　于唐朝缤纷的文化之后，宋朝在佛学洗礼下，重建清莹
剔透的精神理念

　　唐朝是中国自汉以来，古典文化最灿烂成熟的阶段。一切文化、
艺术的表现有如春花般美艳。唐朝绘画不论是佛道、人物、山水，基
本上是重彩，其中李思训父子的"金碧山水"至今仍眩人心怀。

《唐人宫乐图》（台北故宫博物院藏）

　　而王维在佛学"色不异空，空不异色；色即是空，空即是色"
的引领下，更进入禅宗"自性皆不染著""心但无不净"的"自性内照"
的清净世界，获得空、寂、闲的禅悦与法喜。这在缤纷灿烂的唐朝，
的确是异军突起。

《唐人文会图》（轴）
（台北故宫博物院藏）

　　宋朝在佛学的洗礼下，透过内在深沉的理性思维，重建了清莹
剔透的精神理念。山水画一如宋瓷般，也展现了这一时期中国人透彻
晶亮的心灵。

　　王维的心似乎也穿透了时空和宋人的心紧紧结合在一起。他们
一起努力寻找更接近本质的事物，以及探索心灵自我的更大解放的可
能。于是诗人苏东坡、画家文同、学者兼书画家米芾、黄庭坚发表了
他们革命性的言论，说明绘画的目的不在表现物体的外形，而是表现
内在深沉的心灵感受，进而展现读书人的内在气质与个性。

## 元人以迟涩松放的笔墨，捕捉辽阔心灵空间

元朝是中国近代史上一个翻天覆地的时代。原本隶属南宋的汉人被贱视，面对如此的天地，幸好人们还有一片清幽纯净的世界。这就是人自我的内在。

远在烽火连天的战国，庄子已为我们开出这片神思清朗的空间。魏晋南北朝时，陶潜高唱"结庐在人境，而无车马喧。问君何能尔，心远地自偏"，因而他能"采菊东篱下，悠然见南山。山色日夕佳，飞鸟相与还"。而后禅宗更为中国洒扫出一片天空。于是王维、苏东

元　黄公望《富春山居图》（局部）（台北故宫博物院藏）

坡等，就以迟涩、松放的笔墨捕捉辽阔无限的心灵空间。

其实宋人的画除了苏东坡等文人画家外，原本继承唐人写实的画风更形精准。尤其在宋徽宗亲自领军的画院，"真实""准确"成了绘画绝对的标准。

元　吴镇《墨竹》（台北故宫博物院藏）

元人从赵孟頫开始，则随着这份心灵世界为中国文人画开辟出一条新的道路，也创造出一片新的世界。他继承了王维、苏东坡等文人的观念，从写实、精准的世界中解放，有如元人从元政府高压、禁锢的体制中解放出来，带着王羲之飞舞的笔法入画。

质言之，画家们可运用笔法的迅疾、徐缓；重擦、轻拂；滋润、枯涩；豪迈、谨饬；苍劲、秀媚的各种变化表现宇宙中的节奏，同时也抒发自己内在各种不同的情感，使绘画、图像具有更深沉的蕴含。他同时还开创在半生纸上，同淡墨干皴或飞白如笔法画山水，使得画

元　倪瓒《桐露清琴》（轴）
（台北故宫博物院藏）

面浑茫含蓄，平淡天真，展现了山野自然中苍茫幽香的意境与诗境。

元代后期的文人画家如黄公望、吴镇、倪瓒、王蒙，就根据这份新的皴法和笔触，去描绘景物，也写出自己心中对所处诸世和乱世的看法，以及出尘避世的愿望。

他们的画各抒襟怀，空旷渺远、浑厚苍莽，把诗文的意境和哲理融合，也把形象、构图与书法的笔趣和动态融合，达到所谓诗、书、画三者合一的境地。外界的动荡、苛酷的政治、坎坷的命运，在他们的心上、画中似乎看不见半点沾染。空、寂、闲的禅悦与法喜，随着王维飘洒到元人的山河大地上。

明　沈周《荷花与蹲蛙》（台北故宫博物院藏）

明　沈周《苏州山水全图》（台北故宫博物院藏）

## 儒释道三家，沁入明朝文人画中，重现浑融生命力

明太祖朱元璋雄猜苛酷。黄公望为吏下狱，吴镇终生潦倒，倪瓒混迹编氓，隐晦避祸。而王蒙则只因为曾在宰相胡惟庸府观画，也被罗织冤死狱中。是以明人一则继承了元代文人写意画的风格，二则在笔法、画意之间，更进一步走向自我的内在，抒发来自个人性灵的感受。

明朝真正的读书人几乎都不做官，他们隐居乡村，从己所好，全面追寻自己内在心灵的解放。不同于元人、宋人的是，他们更落实在现实的人生中，而非仅追求着理想。儒家这全面肯定人生，想要充分享有人世伦理亲爱、亲情的心思，又静静地沁入世人的心里，明朝的画家们也就在禅悦的法喜中，加添了亲人间亲爱的甜蜜。

在明朝，吴门画派声名最为显赫，画家们活动的时间最为长久。吴门画派画宗多是文人，他们接受了良好古典经、史、诗文的教育和书画艺术的陶冶，也注重自我品格的修养与完善，更以清真高蹈的人格精神为师表。

明朝在哲学上有王阳明提倡的心学，要人将自我完全开发，将自己顺应内在的善性，淋漓尽致地活出来。他说"良知是天理之昭明灵觉处，故良知即是天理"，又说"人心与天地一体，故上下与天地同流"，是以"物理不外于吾心，外吾心而求物理，无物理矣"。

吴门宗师沈周以绘画说明了这份哲理，他说："山水之胜，得之目，寓诸心，而形于笔墨之间者，无非兴而已矣。"吴派画宗强

调山水绘画在创作时,内心感受的重要性,主张遣兴移情、物我合一。

文人画从唐朝王维"空"的追寻,历经宋、元至明,已降落大地,直接展现江南的山村水乡,园林胜景,或宴客或读书,或放棹或耕作,无一不在画家文人的生活经验中,也无一不在传达画家文人平和愉悦、宁静优雅的心。此心境有着庄老的空灵、佛家的禅悦和儒家仁爱的亲昵。

于是除山水画外,松、竹、菊、兰、梅、水仙也都成为画家心灵的写照。画家的笔墨更奔放,更自由,更不拘泥物象。错错落落、点划披离,中国就在这山水、花卉、书法线条的纷纭缭绕中获得滋润,得到解放。原本分立的观念如儒释道三家也在此浑融一体,再显中国融溶的生命力与创造力。

# 寂静的春天
## ——清朝的艺术

"乾隆御制"这四个字，凡是爱好中国艺术，或常跑故宫的人一定非常熟悉。我们常在许多艺术品，尤其是书画上，看见他所钤的"乾隆"印章，可说是清朝的代表。

## 从清代严格管理的政治中，透出艺术与美感寻求的走向

乾隆御制《书程颐〈论经筵札子〉后》有云：

夫用宰相者，非人君其谁乎？使为人君者，但深居高处，自修其德，惟以天下之治乱付之宰相，己不过问，幸而所用若韩、范，犹不免有上殿之相争；设不幸而所用若王、吕，天下岂有不乱者？此不可也。且使为宰相者，居然以天下之治乱为己任，而目无其君，此尤大不可也。

这段文字是乾隆皇帝读北宋大儒程颐，教导北宋皇帝如何做好一个帝王的感想。

程颐的意思是根据中国自古以来的传统政治思想，要皇帝修德行，至于国家大政则交付给宰相，即所谓无为而治。

乾隆深不以为然。他提出任用宰相的人是皇帝，怎么可以无为而治，把国家的治乱交付于宰相呢？即使宰相用得好，如北宋时韩琦与范仲淹这两位千古好宰相，他们还不免常有争议。待后来用到王安石、吕惠卿，只一味地实行新政，不切实际地寻求改革，结果造成天下大乱。当然，更糟糕的是，竟然让宰相独揽行政大权，以致其目无君长。这是大逆不道，绝不可以。这也是说清朝的政权必须在皇帝的手里，国家、社会最好不要改革。

这篇文字谈的虽是政治，其实也正好透出整个清朝的政治信息、社会风气，以及艺术走向和美感的寻求。

清朝虽然比南北朝的北魏以及元朝汉化得更为彻底，但是也正因为如此，他们对中国的统治也更形严苛而周密。举凡政治、军事、经济、文化、学术、思想、伦理、道德，以至艺术等一切人的活动，无一不经过严格规划、管理和审查。

就如今天举世闻名的《四库全书》，在当时也是件伟大的学术工作，但内在更深层的目的，则是消除违反清朝利益的言论。清朝一切活动都规格化、系统化。一切活动都是以清朝的政治掌握与稳定为唯一的终极目的，因此人们必须驱除内在的生命跃动，以达内心完全的寂静。因为这样政治才能稳定。

## 清朝的文化艺术大都因袭古代

清朝一切文化艺术的活动不再有创新，他们只能因袭古代，拟古、仿古成为最重要的创作活动。在学术上，人们讲的是考据、训诂，是从故纸堆中查寻各种资料，再则编理各种"类书"以为著作的成就。

在文学上，人们重新恢复后魏晋南北朝的小赋和骈文，抒发着一己的小小情怀，卖弄着轻巧流丽的文字技巧。然而，众人都小心谨慎地避免触犯清朝的文字忌讳，以免再兴文字狱。

思想上，人们更是避开深入的反省和思考，只求循规蹈矩，依着清朝所标榜的样榜，活着、感觉着，一切都有现成的标准。哪怕是生命的形式，自我的存在，心灵的理想，却不容许再发展、再体验、再创造。

社会上，从王公贵族，到众庶百姓，大家只要在现实世界求得富贵利达、福禄寿子，这也就是人生最大的幸福了。

是以清朝的各种器物、工艺，处处装点着吉祥如意的图案，表达福禄寿子的祈愿。整个社会没有了理想，欠缺了深度。一切都世俗化、庸俗化。美，仅以华丽、富贵的装饰为主，同时在华丽富贵的装饰之外，传达出一份看似宁静，实际只是深沉的寂静。

清朝有名的工艺景泰蓝，可说是清朝贵族的新宠，那鲜丽的色泽，繁复的图案，金碧辉煌的光华，正表达出清朝贵族的审美情趣，也是皇帝的爱好，当然也是乾隆皇帝的向往。乾隆时期，景泰蓝最为繁荣，作品件件圆润坚实、金光灿烂，做工超过明代色彩，有天蓝、宝蓝，还有粉红、绿、黑，它们虽色调辉煌夸张，但仍安静、面目模糊地陈立，有如一个训练有素的侍者，衣着光鲜，绝不会打扰你般地侍立在旁。

## 乾隆时期，艺术创作达到高峰

乾隆时期，是清朝的极盛时期，是清朝艺术创作的高峰。精彩绝伦的金银器，以及五彩缤纷的瓷器，就质地、色彩、形式、设计、技术而言，跨越前代，成果非凡。只是它们没有任何创造，仅在体制内以求更加成熟而已。

清　王时敏《云峰古寺》（台北故宫博物院藏）

清　王原祁《山村雨景》（轴）
（台北故宫博物院藏）

清　王时敏《仿王维江山雪霁》
（台北故宫博物院藏）

玻璃（琉璃）器在清朝也达到一个高峰，国际间所谓的"中国玻璃"，是以康熙、雍正至乾隆时代的玻璃（琉璃）为主。那绚烂又温润如玉的制作，令人爱不释手，只可惜它还是体制内的发展，没有向外做任何扩张，呈现出美丽优雅、安静、沉寂。

玉器"乾隆工"，是举世闻名且叹为观止的，不论大小，晶莹剔透，让人耽溺留恋，古人所谓奇技淫巧，清朝确是淋漓尽致地达到了。只是在精熟的技巧背后，所有艺术的表现都是悄然无声。即使是绘画，清初居于正统的四王——王时敏、王鉴、王翚、王原祁，也严格遵守董其昌的拟古、模古、仿古的主张，只强调线条的熟练与变化，而不抬头用自身的生命与心灵去贴近真实的自然。即使是最具创意的王原祁，其所努力的也只是在形式、结构的设计与试探上，没有自然的喧闹，中国的灵气此时已不再生动。

清　恽寿平《桂花》（台北故宫博物院藏）

清　恽寿平《燕喜鱼乐轴》（台北故宫博物院藏）

清　焦秉贞《水村图》（局部）（台北故宫博物院藏）

　　至于恽寿平的花卉、袁江变形的山水，也都轻忽、寂静如梦幻。而后即使有郎世宁以西方绘画技术的加入，清朝正统绘画中的寂静，梦幻如故。最具有代表性的焦秉贞的仕女图，人物个个都如幽灵般轻悄飘立在空气中。

### 中国奔腾的生命力，在层层限制中，化成静谧的湖泊

　　中国似乎睡着了。原本奔腾如黄河、长江的生命力，在层层紧

箧的限制中，化成一圈圈静谧的湖泊，像西湖悄悄地掩映在淡绿的柳丝垂荫中。

　　绘画上非正统派的四僧——石涛（原济）、八大山人（朱耷）、石溪（髡残）、弘仁（渐江）仅是这湖泊上的风浪。"扬州八怪"也仅是这湖泊上的狂飙。他们在绘画艺术上虽有惊人的表现，只是大地依然静寂，梦幻般的烟岚依然飘浮在湖上。

　　中国在清政府的高压统治下，一切的发展都是体制内的发展。举凡学术、文化、艺术的一切活动也都是中国原有事物中的再咀嚼。虽然有些作品较之以往有了更成熟、更精绝的表现，有些却成了糟粕。美，确实是清政府想追寻的，只可惜其将中国化成了无声而寂静的春天。所幸这只是中国生命长流中的一个阶段，而今湖泊的水随着世界汪洋巨浪又开始流窜，或而将来又将汇为长江、大河，浇灌在中国这古老又年轻的大地上。

# 从文人画谈溥心畬、黄宾虹

> 在画面上，溥心畬求其空，求其净，求其不落半点纤
> 尘；而黄宾虹则是求其密，求其浓，求其宇宙的悸动和生
> 命的悸动。

文人画，是中国绘画上的一项特殊的门类，甚至文人艺术，也成为传统中国的一项特殊的艺术及审美表达。

要特别注意的是，"文人"一词，并非指今天一般人所认定的纯文学作家，或喜好纯文学的人。中国传统的"文"字，有很深的含义。远自西周，以至春秋，"文"与"圣"是同等位阶的好字、好词，"文"是文明，是人类依生命需要发展所做的创造。到魏晋时期，建安文学的倡导者之一曹丕，在其有名的《典论·论文》中进一步说，文章乃"不朽之盛事"，将文学及文学的创造独立出来。但这里指的"文学"也不是今天的纯文学，而是创作者可以将个人情感表现在文章中。只是这情感，并非纯粹个人的感情或喜怒哀乐的表面情绪，而是深沉的生命情怀与感受，甚至是感悟。以至在建安文学之后，除了纯粹言

情之作，几乎都是带着哲思的文学作品。

我们今天看魏晋南北朝时期阮籍、嵇康、陶渊明、谢灵运，以及唐朝的李白、杜甫、韩愈、柳宗元，尤其是宋代的欧阳修、苏东坡、曾巩、王安石等，他们的作品更是如同生命哲学一般，在深沉感情之后，每每发人深思。

绘画更是如此，唐朝王维是著名的诗人，后世诗坛称他为"诗佛"，与"诗圣"杜甫、"诗仙"李白并列。而他开始大量以水墨画山水画，创造出简淡抒情的意境，这对自古以来以至盛唐时的山水画，做了重大的变革。北宋时，苏东坡看了王维的画还说："味摩诘之诗，诗中有画；观摩诘之画，画中有诗。"

## 文人画的源起

北宋结束了五代十国的纷争、动荡，致力于经济文化的发展，这也有利于艺术的创作，首都汴京，画家云集，职业画家相当活跃，此外宫廷也建立了翰林图画院，集中了社会上的名手和早期西蜀、南唐两地画院的画家，加上宋代皇帝都爱好艺术，爱好丹青绘画，是以宋代绘画进入一鼎盛时期，而宋代的文人士大夫也把绘画视为文化修养、风雅生活的一部分。

十一世纪后半叶，汴梁城中的文人名士的诗文书画活动非常活跃，代表人物有李公麟、苏轼、文同、王诜、米芾等人。他们都具有极为精深的文化修养、书法造诣，而绘画都是遣兴寄情之作，题材偏好于墨竹、墨梅、山水树石、花卉。他们的艺术表达，只求自我主观的情趣的表现，不赞成过分拘泥在形似上。苏东坡说："论画以形似，见与儿童邻。"又说，传神之妙，在于"得人的意思所在"。这些士大夫在艺术表现上，力求洗去铅华，而趋于平淡素雅、清新天真，展现物象与人情的本质。

这一主张影响到元朝的赵孟頫、黄公望、吴镇、倪瓒、王蒙等，明代吴派画家沈周、文徵明、徐渭、唐寅、祝枝山等，以至清代，文人画一路下来，成为传统中国绘画最重要的主流。这些画家，个个诗、书、画都极好，因此他们的作品，几乎都达到精美的地步，尤其是心灵的空境，不沾人间烟火气。


## 文化内涵与美学


传统中国文化从西周以来就重视人自我内在的探索，以"敬"、以"德"为人能知天、行天道的凭借。"敬"是人聚精会神，专心一志，是人生命自我内观的省视。而"德"是在生命自我内观有所体得后的展现。所以孔子说："人而不仁，如礼何？人而不仁，如乐何？""仁"是人生命中内在圆满的体会，没有这体会，礼乐能如何呢？礼乐，古代也泛指艺术，这是指艺术得有生命的体会、艺术是人生命情意的流露。是以孔子又说："《诗》三百，一言以蔽之，曰：'思无邪。'"用今天的话说，《诗经》三百多篇，全是人生命情感的直接流露与记录。

而后即使经庄子、老子从"人"出发向前跨出，进入天地、宇宙、自然中，以"道"作为生命的真实、真理。"人"在艺术的展现上是道的展现。当然，道的展现在人的"体得"。是以魏晋南北朝在画论上，有顾恺之提出"以形写神"，宗炳提出"澄怀味象""含道映物"的美学观。这是说，艺术的创作与表现，在于人对道的深沉体会。

这一美学观到隋唐再经大乘佛学"空性""万法皆空"的洗礼渗透，如同人洗尽铅华，直显本质，王维就是最重要的代表。而后张璪提出"外师造化，中得心源"，概括了传统中国以来绘画创作论上重要的核心观念。此后经苏东坡、米芾、文同的推荐，竟然成为绘画中的一个最被看重的流派，表现出人的最高精神意境。

只是文人画经元明发展到高峰，到清朝，再经明遗老四僧——八大山人、石涛、石溪、渐江，进一步以意象为主，心随笔运，不拘形式，一切在超乎现实之外，在似与不似之间，求取本质性的真似，这使文人画有了进一步的发展。他们也集历代绘画之大成，把顾恺之"以形写神"的美学观念发挥到极致，影响后世开出许多画派。

此外，清朝画坛还有正统派，又被称为保守派，也就是以王时敏、王鉴、王翚、王原祁为代表，他们遵循明末画坛领袖董其昌的主张，以"南宗"为上。而董其昌是位典型的文人画家，他将佛教史上禅宗分南北派之区别也用在画史上，认为中国绘画也分南北。他贬低北派，认为北派只是刻意地创作绘画，过度地重视技巧，如同禅宗北宗是渐修而得的。南派则如禅宗南宗讲顿悟，具有天然和灵性，笔墨间表达了强烈的情感，因此山水画要具有文人的书卷气，体现出创作者淡泊宁静的心绪。所以，他特别推崇五代的董源、巨然，元朝的黄公望、王蒙、吴镇、倪瓒。由于他的推崇，清初画家心目中最推崇的画家也就是这"元四家"，一切以"元四家"为准。董其昌又以元初南方文人画领袖——赵孟頫的主张"师法古人"为绘画创作的依凭。他们的绘画被清朝统治者所喜爱，为清朝官方肯定、提倡，故成为宫廷绘画的主流，也因此仿效继承者亦群起而形成大宗。

清初"四王"与"四僧"，其实都属文人画，只是"四僧"在家国变革下，做了深沉的反省，他们对所谓的传统绘画上的笔墨技法，有了突破与发展，他们以写生、写意为主，大胆展现鲜明的个性。"四王"的诗、书、画同样三绝，但只侧重继承，表现恬静、幽雅的儒雅之风，他们不越出古人的规矩，一致提倡临古，以致影响后世文人画者，只求笔墨师承，谨守衣钵，无所创作。清末文人画大多已成僵化的作品，那时流行一句话：文人画的创作是"临摹至死，至死临摹"，毫无生机可言。

清末至民国时期，许多画家力求变革，从十八世纪的"扬州画派"和十九世纪的"上海画派"，到民国初年徐悲鸿、刘海粟，他们力倡将西方绘画的元素、技法引进，以开启对中国绘画的影响。文人画已成落伍、衰败、颓废的象征。


## 遗世独立、空灵的溥心畬

在这一观念的风尚下，有两位各被认为是中国最后一位文人画家，一位是渡海来台湾的溥心畬，另一位则是留在祖国大陆的黄宾虹。

他们两位都是集经、史、文、诗、书、画于一身的文人画家。听长辈说，当溥心畬先生知道自己得了癌症，大约还有九个月寿命时，在治疗中，努力抄下自己对"五经"的注解及义理的看法，他认为这是他最重要的成就，其次，则是他的诗与文，至于书，尤其是画，只是他的游戏工作而已。

溥心畬虽然七八岁以前就开始习画，但真正学画时，大概是隐居在戒台寺十二年的日子里。当时并没有老师指导，他只有临摹家藏的古画，有时还向他大哥溥伟借家藏的古画来临摹。他真是以古人为师，经长期摸索，有所心领神会。

他在自述中说：

> 余居马鞍山始习画。余性喜文藻，于治经之外，虽学作古文，而多喜作骈骊之文。骈骊近画，故又喜画。当时家藏唐宋名画尚有数卷，日夕临摹……又喜游山水，观山川晦明变化之状，以书法用笔为之，遂渐学步。时山居与世若隔，故无师承，亦无画友，习之甚久，进境极迟，渐通其道，悟其理蕴，遂觉信笔所及，无往不可。

所以在论画中，他也是主张摹古，不主张创新，更反对将西方绘画的元素挪进中国传统的绘画中。只是他的临古、摹古的方式，又不同于入清以来一般文人画的临古、摹古。

他在自述里又说：

初学四王，后知四王少含蓄，笔多偏锋，遂学董（董源）、巨（巨然）、刘松年、马（马远）、夏（夏圭），用篆籀之笔。

始习南宗，后习北宗，然后始画人物、鞍马、翎毛、花竹之类，然不及习书法用功之专。以书法作画，画自易工……

他好画松，松表现出他个人在时代变局中坚定的立场、原则、气节，以及不阿世、不逢迎的独立性，但也表现出他的孤独与苍茫。

他的松画得极为精神，除了枝干傲然挺拔，宛若游龙，有飞天之势，夭矫屈曲之姿，其松针也针针透力而能尽情地彰显挺秀、灵活。溥心畬的笔，看来纤细、柔和，但笔笔有其内含的劲力与韧力，只是隐藏收容在线条之中。他许多细小稀微、细致的笔法、皴法看起来似不经意，随意点染，如苍苔点，但仔细读来，笔笔清劲有意、点点精准有力，皆是跃动的笔势与生命力。

他在自述中说：

寺中古松极其著名。计有卧龙松、自在松、通天松、活动松等。每一棵古松都依其姿态而命名。

他又说：

那枝活动松最妙，只要在它树上抚摸一下，全树的树叶都会自动婆娑起舞动起来。

他每月不论晨昏晴雨，盘桓观赏了整十年之久，这又如何不与之物我交往，呼吸相通呢？这是溥心畬在摹古、临古中有了"生生"之观察，走向了"法天地自然"之道。他说："画松最能表现画家胸襟性情。但点墨落纸，大非易事，必须'外师造化，中得心源'，然后虬枝翠盖，与天地生生之气，自然凑泊笔下，而多有奇趣。"又说："这些都是体验出来的，就像科学研究试验，要慢慢把道理寻出来。一言以蔽之，就是要思，思然后才达理。"换言之，他在摹古、临古中，有着强烈的反思和深入的观察。

他观察事物的景象，天地四时的变化，天空中的明暗、清净，也观察自己。他在观察自己之中，借着对儒家的虔诚礼敬超脱出许多贪、瞋、痴无明的障碍。是以他的画的意境，总是超然物外，空灵明净，好像可以透向无尽的空间去，尤其在山水空间的表现上，更是如此，即使有时画面丰富、山木葱郁，但整个意境的清净静谧，不着一点烟尘，这使看画、赏画的人心旷神怡，心神也为之洗涤而平静下来。

有人研究他的画说："他的画往往有一种否定自然空间的力量，使景物在纸面当头劈面直入，不沾不脱，干净利落，有空谷足音的美妙。"

溥心畬先生把佛教的"空"、儒家的"仁"、道家的"无"与"逍遥"全化成了一片有着生命深情的空灵，甚至也将知识化成了芬芳，点染在他的画面上。而这是他超越古人的地方，是他在自古以来文人画上的继承与创新。今天人们好用西方绘画元素来谈创新，因而也就不易看见溥先生如此含蓄、内敛、深邃的创造表现了。

然而，在画面上，溥心畬求其空，求其净，求其不落半点纤尘；而黄宾虹则是求其密，求其浓，求其宇宙的悸动和生命的悸动。

## 用重墨的黄宾虹

黄宾虹先生也是饱读经史、诗、文的大学者，同时在书法、绘画、篆刻上有所成就，也是达于这时代顶尖高度的文人画的创作者。

黄宾虹相信古旧的传统仍然蕴含着鲜活的生命力与能动力。他认为传统国画是人类世界上一种优秀的美学表现。根据这信念，他努力发掘传统笔墨中可能的特殊趣味，形成了自己的绘画风格。

换句话说，黄宾虹坚持用传统的笔墨创作，他认为古老的用具、素材，是有无限的创新力的。只要使用者不断地锻炼笔墨功夫，就可用这功夫创造艺术作品，超越国界，成为人类世界可以共同欣赏的艺术。

他甚至说："中国之画，其与西方相同之处甚多，所不同者，工具物质而已。"这一视野，实在是超乎一般人之上。的确，我们如果只从现象去看中西传统艺术，绘画确实有极大差别，但如果我们超然从这有差距的现象上去看，我们其实可以看到人类的根本相通处。如同我们说："只要是人类，不约而同地会有自身的艺术创造，在人性之中都能有美感经验、有审美性，是以只要是艺术，就必然会有跨越时空、文化、民族差异却又会相融通、相互欣赏的可能。"就如同前几年，古埃及沙漠中发现了三千多年前写在莎草纸上的送葬曲，名为《死亡之歌》。古音乐家试着将它复原，制作成唱片发行世界，广受欢迎。

西方近代艺术，从早期印象派到高更、塞尚、凡·高，以至马蒂斯、毕加索、蒙德利安、保罗·克利、杜尚、米罗、波洛克，都是用了许多东方绘画元素，包括书法、线条，而开展出西方全然不同的绘画创作，以及近代艺术之路，影响全世界。

当黄宾虹从西方的现代绘画中，意识到线条与皴法，而不再只从传统以来所说的皴法上来看中国的艺术、绘画作品，古代的皴法似乎具有了新的生命力。黄宾虹可说"是二十世纪中，中国画家里，极少不借西方绘画技巧与画理，而成功地为传统国画注入生命力的艺术家"。他一生致力于维护、宣扬中国传统文化，不怕西方文化的挑战，坚信中国文化会走上开展之路。

黄宾虹是位早学晚熟的山水大画家，他的绘画最惊人又脍炙人口的是画面上的黑、密、厚、重，成为中国，也是世界极其独特的画风。

他在五十岁到七十五岁之间，遍游黄山、峨眉山、青城山、桂林、武夷山、雁荡山、天台山、庐山、泰山，并深入三峡，登过万里长城。所到之处，极目而望，仔细观察，有时半夜而起，静观夜晚山的景象。他也去香港地区，静观大海之波浪。所到之处不只是观，也尽情地绘，做出记游的画稿，同时他不只是在看、在观，还在不断地思考。

我们从他的诗稿中看到他不断地问："近山何以会白？远山何以会黑？"他中午入山中"找气"，在黄昏入山中"寻韵"，他想掌握住天地宇宙中变化的奥秘，理解宇宙天地万物所存在之理。他全然走进了唐代张璪所谓的"外师造化，中得心源"的境地。

自黄宾虹七十五岁以至九十岁，其山水画终于走上成熟，他将自己悟得的宇宙常道之理，用笔墨、水法表现出来。他以浓的笔墨及钢铁般的线条画大山、大水，因之使画面变得更黑、更密、更满，他将北宋人的笔法，甚至北宋理学上的《太极图说》的部分原理，成为他笔墨变化的依据，虚实、密松、紧轻、有无、正反，都成为他理论的技巧。

他的画在越浓、越黑、越密处，都看得见其中层层松开、宽阔的内部空间，一切乱而不乱，密而不密，黑又透亮，天地既浓成一块，又通透舒缓。在紧密处，似乎又非常松软。真如老子所说"天下之至柔，驰骋天下之至坚"，也如同庄子所说"通天下一气耳"，世界、宇宙一切都在生生不息的跃动中。整个宇宙的吞吐呼吸、生之大力都在他的黑、密、厚、重中显现。

黄宾虹先生自己说："我有秃颖如屈铁、清刚劲健无其匹"，同时他形容自己的画是"黑团团里墨团团，黑墨团中天地宽。"

一九八二年四月，"中国二十世纪五位名画家传统画展"在巴黎近代艺术博物馆展出，黄宾虹的二十幅山水画，博得极高的评价，许多评论亦说，黄宾虹山水就是"黑得好，密得奇"。现代画家潘天寿说："黄宾虹晚年用墨功力之深，可使元代的黄鹤山樵（王蒙）、明代的沈石田（沈周）、清代的垢道人（程邃）不能匹敌，黄宾虹的奇妙变化，古人都还没有过。"

黄宾虹先生坚信中国传统文化中，必藏有新意，国人如果用心去研究、寻找，必能创造出这世上未有之奇。而他做到了。

溥心畬先生、黄宾虹先生都是所谓的文人画家，在他们深沉的传统学术研究与不断的思考反省中，他们不只是摹古、临古，而且也张开了双眼，打开了心胸看这世界，读这宇宙，从人法地、地法天、天法道、道法自然中，为中国人走出了一片新天地，也开启了一条既旧且新的艺术创造的大道。

# 知道、守道，下笔自然能神
## ——读理玄先生书画有感

> 文人画摆脱形式的束缚，充分表现画家思想、情感、
> 心绪、体得的画法，实际上也是历史的一大进步。因这不
> 仅强调了创作的自由，更是人精神的解放。这至今仍可成
> 为人类创作上的最高目标。

　　大学时代就已听闻理玄先生的大名，那时他在研究所读书，是
学校的才子之一，还听说他善打太极拳，可说是文武兼备的才艺之士。

　　将近二十年前，好像某广播公司为孙毓芹先生举办古琴演奏会，
前往聆听时，因当晚理玄先生也受邀弹奏琴曲，才知他也是琴中高士。
而后陆陆续续在一些古琴雅集中欣赏到他琴中之风韵。到艺术学院任

教以后，有幸常能见到理玄先生，从生活中亲见其为人。知道他博学、多艺、潇洒、风趣，常妙语如珠。同时也知道他耿介不群，有所为，有所不为。

见到理玄先生的画倒是后来的事。一是他受邀和几位大学时的同学联展，画幅不多，逸笔草草，除了深带文人雅士之风外，画上充满琴韵的节奏。二是与友人前往他家拜访。在他满是书、画、琴、石古雅的书斋，见到他一系列的画作。诚如书法家十之先生（张隆延）所言："我辈一见理玄教授的水墨绘事，立时觉得眼明神旷。"我不敢列在十之先生的"我辈"人中，但是见到这些画作，确也是眼睛为之一亮，神清气爽起来。

近代中国在西方文化的冲击下，在自身求新求变的急切要求中，中国现代画家们都多多少少努力从事中国绘画的创新试验。


探索新的可能与新的思索


我们可以看到许多画家都试着把西方传统绘画中的三度空间带入。有的增加画面物体的明暗光影，以呈现物体本身的立体性、重量感；有的或扩大绘画题材，大胆敷彩用色，力求画面饱满、沉重。大家从各方面寻找突破传统绘画中线条、皴法与空间留白的处理。

在诸多尝试中，我们见到许多成功的范例。只是在新绘画创作上，似乎总是概念多于感觉，设计理念凌驾在笔墨情韵之上。人们似乎只努力于画面形式的改变，而忽略了中国传统绘画中内在精神的要素，甚至似乎没有人努力于尝试精神与形式的合一，或仍表达出宋、元以来文人画中那股天真、浪漫、清明、妍雅的画风。

这也就是说，中国传统绘画，特别是到了宋元明清，已成绘画主流的文人画，几乎无人继承。当然，现代中国人对文人画有许多的批评，特别是认为他们过分重视神韵，轻忽形似，给中国绘画艺术的发展带来了不良后果，同时也使得中国绘画自清代始，远离真实的生命图像，轻忽写生，一切以摹古为主。

这种观点是有事实依据的。不可否认，也是消极、负面的一种看法。

如果我们换一个角度，从历史的发展过程来看，中国绘画从远古时代以作为生活经验记录的图文，发展为社会伦理教化的图像。而后到魏晋南北朝，首由顾恺之提出"传神写照""以形写神"的美学观。宗炳进而说绘画乃"畅神"而已，并进一步将"山水自然"视为宇宙、生命中的一种"道"的呈现。画者当"含道映物"或"澄怀味象"地加以表达（注：魏晋时期南朝刘宋的画家宗炳在《画山水序》中写道："圣人含道映物，贤者澄怀味象。"）。

至此，中国绘画逐步开始走向独立，画家也开始能从自身的体会上，做如实或自由的创造。

宋朝苏东坡将唐朝王维的山水画，提升到有"画圣"之称的吴道子之前，更是这种来自内在自由创作的提炼。这不仅说明绘画是画家主观情感、意向的表达，同时还要能摆脱自然形象与色调的限制，达到与道合一的境界。

质言之，文人画家对客观的现实，不再做精细的描绘，他们有如西方哲学家，总想揭示现象，探索、呈现事物的本质。

因此，物象在他们眼中和笔下，就变得扑朔迷离。乍看之下，一切都似乎实实在在，一山一树、一花一草、一笔一画，真实不虚。但仔细观察，又似乎捉摸不定。画家的每一笔下去，目的不在形的描述，或许只是带出一些层次，点出一些精神意趣。墨色的浓淡，层层的涂抹、晕染，常使得画面混沌一片，分不清界线。一切好像是画家兴之所至，漫不经意，随手地挥洒。只是就在这不经意的追求中，常出神入化地变化万端，把人带入奇妙难言的佳境，将人内在深沉的情意与想象，引入空前未有的宇宙中。

## 摆脱形式束缚的文人画，也是创作、精神的解放

苏东坡心目中艺术最高的境界是从这里开始。他的提倡，使得宋代文人画家在不拘笔墨蹊径中，重视自我表现，加上书法笔趣的运用，全力捕捉宇宙、生命中最具代表的情态，在似与不似间创作徘徊。

他们几乎放弃了色彩，总以墨色作画，又处处留白。就在白黑的变化中，宇宙中的虚实、有无也就随着笔意流出。一幅画作也就是老子道体的呈现。

元人继承了这种画风，比宋人更进一步地游走在个人内在深沉的感受与宇宙的基本规律之中。发展出更丰富的笔法，或徐缓，或迅疾；或轻拂，或重擦。有的枯涩，有的滋润；有的豪纵，有的谨饬。在皴法上，他们有更多表现物象本质的方式，并将线条组成韵律，表

达气象，抒发情感，建立自身强烈的艺术风格，使文人画的表现力和感染力有了更大发挥。

文人画摆脱形式的束缚，充分表现画家思想、情感、心绪、体得的画法，实际上也是历史的一大进步。因这不仅强调了创作的自由，更是人精神的解放。这至今仍可成为人类创作上的最高目标。它也标志着前人在历史发展中对宇宙、生命、文化的总体经验，是古人对文化、知识的掌握与运用达到新阶段的表现，也是人类在自我心灵成长中的高峰。

## 创作者抒发个人心怀、特质

在当时，成为一个文人画家，不仅要能画，更要有广博的知识与修养。不仅要饱读诗书，也要上知天文，下知地理，以至草木虫鱼自然生态之名。明朝吴门画派更当要深知琴韵音律，还要品格高洁，如此才能锻炼自己有高度概括、归纳的能力。面对千山万水，千变万化的气象，下笔纵横万里，概括出基本的形象与规律。以之合乎宇宙本体的"道"，又能移情、移性进入孔子中心的"仁"，还能发抒个人特有的情怀，并使观者怡情悦性，走向悟道的契机，触发自由的心灵。

据宋代传说，大文学家秦观，一日得了肠胃病，有位朋友就捧着王维的名画《辋川图》给他看。没想到，他看了几天，仿佛真的来到郁郁葱葱的山谷，呼吸了清爽的空气，五脏六腑似乎都被洗得干干净净，于是心情大好，肠胃病也就不药而愈。

　　而今看了理玄先生的画，乍然惊喜之余有着类似的心境。理玄先生似乎全然继承了宋元明清以来的文人墨戏的笔意，同时又发展出自身独特清新的画风。

　　总体来说，他的笔墨简练明隽而有力，构思朴质自然，手法清奇，妍雅且略带些许巧丽，致使风格优美、典雅、脱俗。

　　他极善于捕捉物象瞬间的情态，也善于掌握内在快速流动的心象。画面虚实、有无的处理，不仅留给观者充分想象的余地，也能带着人们进入宇宙大气的起伏里。我在静观之余，似乎能随着他画中的节奏呼吸，进入一空灵的世界，久久不忍离去。

　　我惊讶于他笔触中轻重、徐疾、苍劲、秀媚、干涩、润湿间看似不经意又恰到好处的处理，也欣喜于那墨色浓淡晕染间的均衡比例。有时快速流动的线条交织着极缓慢而粗松的笔法，画者内在含藏的秀润与潇洒跃然而出，点缀在整幅画上。水天疏阔，境界清朗，山水、秀石在有形、无形之间，这里可以很清楚地看到古琴音韵尽入画中。我们可以随着画中的节奏，感受宇宙、生命的律动，并进入无限太空之中。

　　这样的笔法也表现在兰、梅、竹、石的画作上，清隽典雅。这原本也是文人画家喜欢的题材。他们表达了画者高洁的情操与精神的向往。十之先生说："面对秋林叠嶂，水远风清，淡泊天真的造境；或是小幅芳草、瘦石、秀竹、幽兰；尔雅俊逸的笔意，都使人感到八大山人的风味！可是仔细观察，却没有一件是临仿八大山人的名画！幅幅都是理玄张教授的创作。"

的确，在几幅花卉中，更见画者特有的灵秀清明、跳脱峻秀的笔意。在似像与非像间，使人心旷神怡，爱不释手。这是理玄先生有着高度概括能力及书法功底，同时也是他在古琴、文学、美学等诸种知识学问上的具体表现。

至于书法更见俊挺，可说是神气清健，结体劲媚，运笔精到，秀色可餐。其中难能可贵的是气贯笔势，游走中锋，字字生动活泼。

古人说"书者，心画也"，或可说理玄先生之心上承古人，而期近于道，是以下笔自然有神。

综观他的著作：《道之美》《气于书画鉴赏中之研考》《〈溪山琴况〉的大雅清音论》《吴派之画风与琴风》，以及《金石派书法之研究》，全都与他的实践创作有关。而书中爬梳古人心意，展现道理、伸舒新意也无不与其创作及为人息息相关。

我久不闻古人清意，而今读之，不禁深深叹息！抬头更见他堂上挂着清儒王文治所写的一副对联，上联是：半间高士屋，下联是：卅载故人情。我想我如今将更能知理玄先生高远的深情和抱负，也能借此确实见大道之绵延与生生不息。

（一九九五年）

# 中国文化中的情与美
## ——写在沈耀初先生回顾展观后

> 以往中国绘画所要表现的，不论山水、人物、花卉，都是在传达人与天地自然相接后，那份来自内在的深沉情意。

中国文化原本是一情性的文化，其不同于希腊文化，仅以客观的宇宙与物质为真理探讨的对象；也不同于印度、希伯来、阿拉伯文化，以宗教的信仰和皈依，作为真理的极致。

孔子讲仁，孟子说义，《大学》言正心，《中庸》谈喜怒哀乐；甚至老子的无为，庄子的逍遥，不论肯定或否定，无一不是从情意的认识出发。

"情意"不是盲目的生之冲动，不是单纯的感性，而是来自人面对宇宙万物，从内心升起的真实生命感受。在此感受中所引发的一连串"喜怒哀乐爱恶"以至于"欲"的生命情意。即使是人的理智活动，其背后决定这份理智的选择，又何尝能超出这生命情意的活动呢？是以时至二十世纪的后期，世界科技已向太空飞跃发展，然而每当人们面对生与死、命运的抉择等问题时，其对生命存在的意义，莫不须透过这深沉的内在情意才能肯定。

中国学术就是以这情意的活动作为真理研究的对象，而中国文化则是这情意活动的全面展现。

近代中国在西方文化的影响下，掀起了巨大波涛，从社会结构，到生活礼俗；从思想学术，到文艺创作，无一不在这波涛激荡之下。

在文艺创作的活动过程中，最让各方注意、关切的——也是全国人心共同关注的，一是东西文化的汇通，另一是中国未来的发展，其中当然也包含着中国绘画的未来动向。

清末民初，先由岭南画派从日本重新带回中国南宋的水墨渲染，而后徐悲鸿再正式标榜将西方绘画技巧用之于中国画中。数十年来，中国国画家都多多少少反省、思考过这个问题，且在这一前提下从事创作。

有的试将传统西方绘画三度空间的透视，表现在画面上，并增加画面物体的明暗光影；有的改变画中人物造型、衣着，扩大绘画的题材；有的则是大胆敷彩用色，把线条扩大为面。另外，也有试图从中国传统线条中力求皴法与造型的突破的。

## 绘画表现来自内在深沉的情意与生命体认

在这些画家的努力下，中国绘画确实呈现了一片欣欣向荣的气象。只是画家们在致力突破绘画的造型、线条、光影的变化与设置时，有的似乎逐渐迷失了中国绘画的精神。而这迷失的也正是中国传统文化的精神。

以往中国绘画所要表现的，不论山水、人物、花卉，都是在传达人与天地自然相接后，那份来自内在的深沉情意。在这份深沉的情意中，人们才能真正体会到什么是生命，什么是生命的意义。

因之中国绘画，不仅仅是攫取外在世界的一景一物，而是要透过一景一物传唱出一份人类面对生命的深沉感受。这感受来自对生命本身的真正体认与享有。

一如苏东坡在《前赤壁赋》中所说：

> 惟有江上之清风，与山间之明月，耳得之而为声，目遇之而成色，取之无禁，用之不竭。是造物者之无尽藏也，而吾与子所共适。

"适"，引申可作享有解。这"吾与子所共适"的无尽宝藏，不全然是客观、外在的事物，而是心与物交融后的总体情状与生命情趣，而这一切全建立在那永恒的均衡与和谐之上。

人们透过自身内在的和谐与安宁，体察到整个世界的构成也全从均衡与和谐中产生，并了解到均衡与和谐乃是整个宇宙与生命的永恒秩序。这是生命的根源，也是天地生生不息的契机。掌握它，就是掌握宇宙的真实，呈现天地间一片生意。所以古人就以"气韵生动"四字评画。

"气韵生动"既具体又概括地表达了宇宙间的真实与人心的感受。绘画也就是要用笔墨、造景来传达这既和谐均衡又流动变化，有着无限可能的活泼生意。

《中庸》说：

> 喜怒哀乐之未发谓之中，发而皆中节谓之和。中也者天下之大本也，和也者天下之达道也。致中和，天地位焉，万物育焉。

就是这个意思。而所谓天人合一的境界，也是从这里开始。

这不仅有感性，也有理性。不仅有心，也有物。它们是感性与理性、心与物的交融，然后流露出来的总体认知与情意的活动，又凝聚在作者的胸臆，表现于作品、绘画之中。换句话说，中国美感之构成，其中必有此生命之大情，而此大情具体呈现在作品、绘画之中。

中国历代绘画以及其他艺术的活动，都是在这前提下发展，其形式、笔墨、造景……虽然因时而变，其精神始终一致。唐人所谓"外师造化，中得心源"就是这个意思。而所师者，也就是此精神之所在。天地宇宙以至人世间各形各物、一花一草、一几一案，莫不是展现此精神、此情意的道场与凭借。

画家绘画、诗人写诗、文人作文全都凭此申抒一己之情怀，表达个人的心得。古人所言的"意境"，也就在此判然分出高下。读者读画、读诗、读文，也就是读作者面对此大道后的心得。前人总以作品为作者人格的表现，其原因也就在此了。

## 透过心灵的融会贯通，承接传统又能创新

近代中国在西方文化的冲击下，在求新求变的急切要求中，在绘画的创作上，许多人似乎只努力于画面形式的改变，而忽略了此精神要素。即使有些人坚持传统水墨技巧，也多半只是临摹前人的笔法、构图形式以及题材而已。鲜有人从形式走入精神，进而把形式与精神合一，然后再做提升，再做突破。

沈耀初先生埋首绘画六十年，他一面仍承续中国古人师法造化、气韵生动的传统要求；另一面也承受来自中国近代的巨变，在绘画形式上有很大的超越。从中他更表达了个人生命情怀，建立起个人的绘画风格。

基本上，他的笔法来自八大山人、吴昌硕、齐白石，即所谓的金石笔法，然后又在书法入画的观念上再做更大的表达。因之他的线条不止于吴昌硕、齐白石，只以篆籀的笔法入画，进而依据客观事物所含藏的性情与质感，透过个人主观的总体感受与设计，加以变化与统一，求得造型上更大的夸张与动感。首先，单以线条来看，他已触及魏晋以来在绘画观念上要求形神兼备的特质。其次，在构图

上，他更有两大特色：一是画面上宾主、虚实的呼应；二是从宾主、虚实呼应中引发人们视觉的流动，无形中建立起一旋转的圆圈，表现一个均衡、和谐、圆满宇宙的运转，有如我们常透过圆形来说明或象征宇宙人生的完美与生生不息的律动。而这也是从宋画以来中国绘画中特有的构图形式，使人在有限的时空中，表现无限的延长与可能。所谓尺幅千里，也就是这个意思。

沈先生作品中虽少山水，但其构图形式仍从这观念引申。

从他的整个绘画看来，充满了生命的跃动与事物自身的动势。他虽年近八十，画中仍满载来自生命的肯定的情与美。一如他在展览前夕所完成的一幅《浴牛图》上所题：

只要夕阳好，哪怕近黄昏。

他全部的作品，不论任何题材，一只疲惫不堪的老牛，一个担负重担压弯背脊的老太婆……在他们衰颓、蹒跚的步履、双肩上，仍可看到挺立不摇的生之气象。这是他生命的情意和面对整个宇宙人生的感受，是他人格、性情的写照。

他更好画梅，梅中有他不畏艰困、屹立不拔的情操；也好画菊，菊中不仅见他如陶渊明般的心志，也有着他个人生活中的闲情韵致。还有鸡雏代表着一片田园野逸与天伦雅趣；更有野鸭与高飞的寒雁，似乎正传达他内在深沉的秋思。真可谓："梅见其骨，菊见其志；鸡雏见其逸趣，寒雁见其秋思。"

读他的画，仿佛见他的人，好比读陶渊明、李白、杜甫的诗歌一般。沈先生的画似乎更近陶渊明的诗，都是将生活中的点点滴滴，透过个人心灵的融会贯通，凝聚而成画面。这是中国绘画的真精神，也是中国文化的特质。有人说，中国绘画史上似乎只有伟大的画家，至于伟大的作品失传也无损于他在绘画史上的地位。原因是中国文化中重"人"的精神，因唯有其人才有其作品。作品因人而生，人无须待作品而立。伟大的作品是因这伟大的人格与生命的凝练而成。

沈先生上接这一传统，不仅在绘画上，而且也在文化的脉络上。同时他又具备此一巨变的时代精神：从中国绘画传统的造景、笔法、墨趣中伸展新意，圆融一气，接近了西方现代绘画的观念与笔趣。

当今，大家都在从事于中国文化的再出发，再反省，沈先生似乎透过绘画向前跨了一步。这或许可以代表近代所谓传统的创新吧！同时似乎也展现了中国文化未来发展的机兆与可能，又如寒梅含苞于霜雪之中。

台湾历史博物馆或也是有鉴于此，特于一九八五年元旦邀沈先生办回顾展，并决定购藏他的十幅作品，肯定他在中国近代绘画史上的地位与成就。

回看中国往昔先祖在广大的黄淮平原上，面对广阔无垠的天地，开出此一有情世界与文化，提供人们在理智思辨、信仰皈依之外的另一条人生大道。今天，我们既然努力于寻求中国未来的出路、文化未来的发展，而这原本属于生命的感受与对生命肯定的无限情意，是否也可以再重新加以一番思考与反省？唯待贤者思之了。